東日本大震災［災害遺産］に学ぶ

～来たるべき大地震で同じ過ちを繰り返さないために～

谷口 宏充
菅原 大助　共著
植木 貞人

KAIBUNDO

目　次

はじめに 5
　　私と東日本大震災　5
　　災害遺産と本書の目的　7
　　著者プロフィール　10

第1章　災害遺産の記載とジオストーリー 11

　1.1　気仙沼市内の脇地区（内の脇1丁目）　11
　　　津波火災と同時に震災時とくに危険視されている火災旋風も発生していた

　1.2　気仙沼市波路上地区（杉ノ下高台・気仙沼向洋高校）　14
　　　"杉ノ下高台の悲劇"発生と向洋高校生らの緊急避難成功の理由

　1.3　南三陸町志津川地区（防災対策庁舎・高野会館）　20
　　　津波防災の視点で志津川の公共施設における立地と避難問題を考える

　1.4　南三陸町戸倉地区（戸倉小学校・五十鈴神社）　29
　　　災害軽減における十分な事前準備と柔軟な判断の重要性

　1.5　石巻市釜谷地区（大川小学校・裏山）　34
　　　"大川小学校の悲劇"で思う科学リテラシー向上の重要性

　1.6　石巻市鮫浦地区（鮫浦湾）　51
　　　三陸沿岸で最大規模の引き波にみる津波のダイナミクス

　1.7　石巻市鮎川地区（金華山瀬戸）　57
　　　津波と海割れの伝説

　1.8　石巻市日和山・門脇地区（日和山公園・門脇小学校）　61
　　　日和山と門脇町とのはざまで起きていた津波，火災と人との壮絶な戦い

　1.9　女川町女川浜地区（女川交番・清水町）　71
　　　ときに荒ぶる海との共生を目指した大震災からの復興

　1.10　東松島市大曲浜地区（大曲浜新橋）　80
　　　同じ浸水深で比較した場合の異常な犠牲者数とグリッドロック現象

1.11　東松島市浜市地区（浜市小学校・石上神社・落堀）　*85*
　　　3.11 津波による大規模浸食痕，地区を襲った昔の津波の記憶

1.12　東松島市野蒜地区（野蒜駅・野蒜小学校・不老園）　*90*
　　　津波からの避難問題を考える―身近な地形の知識が身を守る

1.13　塩釜市海岸通地区（千賀の浦緑地）　*99*
　　　奈良時代からの港町"塩竈"を襲う津波と古地理

1.14　塩釜市浦戸地区（寒風沢島など）　*105*
　　　日本三景松島を守った天然防潮堤

1.15　七ヶ浜町菖蒲田浜地区（鼻節神社・招又）　*110*
　　　大津波伝説，避難場所と避難ルートの課題

1.16　多賀城市八幡地区（末の松山・沖の石）　*116*
　　　古文書，和歌や伝説に残された過去の大津波と 3.11 大津波

1.17　仙台市若林区荒井地区（仙台東部道路避難階段）　*121*
　　　津波の地質記録と防災

1.18　仙台市若林区霞目地区（浪分神社）　*128*
　　　津波災害の伝承

1.19　仙台市若林区荒浜地区（荒浜小学校）　*132*
　　　荒浜地区の歴史津波による被災と引き波による砂浜の切断

1.20　山元町坂元中浜地区（中浜小学校・津波湾）　*138*
　　　中浜小学校における津波からの避難対応と津波湾の形成を考える

1.21　山元町坂元磯地区（水神沼）　*146*
　　　伝説や堆積物をもとに災害の歴史と予測の可能性を考える

第 2 章　地震の基礎科学　..　*151*

2.1　東日本大震災を引き起こした巨大地震
　　　―2011 年東北地方太平洋沖地震―　*151*

2.2　巨大地震が起こるわけ　*163*

2.3　将来発生する可能性のある地震　*166*

第 3 章　津波の基礎科学 *175*

　3.1　津波とは　*175*

　3.2　津波の高さ　*175*

　3.3　海底地震による津波発生のメカニズム　*177*

　3.4　津波の性質　*181*

おわりに *188*

はじめに

谷口宏充

私と東日本大震災

　東北地方太平洋沖地震発生3日前の2011年3月8日，私は韓国気象庁において，2002年から活動が活発化していた中朝国境にある活火山白頭山を主題に，東北アジアの火山活動や地震活動の過去と現在について話をしていた。話の要点は，噴火や地震が比較的短い期間に集中して日本ばかりか朝鮮や中国でも共通して発生していた事例がある，という歴史の紹介であった。話を終えて翌日の3月9日にはソウルから帰国の途についた。後から知ったことだが，飛行機がちょうど日本海を縦断し仙台空港に近づいた午前11時45分，三陸沖を震源とするM7.3の大きな地震が発生し，沿岸部には津波注意報が出されていた。この地震は11日に発生した東北地方太平洋沖地震の前震だと考えられている。しかしそのときには，これで心配されていた宮城県沖地震もたいした被害を出さずに終わったな，などと考えていた。それが大きな誤りであることは2日後に思い知らされることになった。

　あの日，3.11の14時46分ごろ，私はパソコン仕事に飽き，テレビを見るためリビングに移動し椅子に座ろうとしていた。そのとき，一瞬何かおかしいなと感じ，しかし地震だと深く思う間もなく揺れは大きくなり，確実に大きな地震が発生したことを知らされた。揺れは急速に強くなり，床に座らないと身の危険を感じるほどになった。幸い宮城県塩釜市海岸通にある自宅は，1995年に大阪府茨木市で体験した阪神淡路大震災や，2003年に近くの東松島市で発生した宮城県北部地震などの経験を生かし，それなりの準備をしていたので大きな不安はなかった。不安を感じ始め恐怖を覚えたのはその後のことである。それまでの地震経験では大きな揺れの後はスムーズに収束したが，今回は収まる気配がない。再び大きな揺れが始まり，それが繰り返された。全体で3分以上，揺れは続いていたらしい。阪神淡路大震災時の短時間の爆発的に感じる強

い揺れも怖かったが，今回のいつまでも終わらないような震度6強の強い揺れには，地震に慣れっこのはずの私にも特別な恐怖を覚えさせた．

揺れがひととおり収まった後，状況を知るためテレビをつけようとしたがすでに停電になっていた．間もなく近くにある防災無線から大津波警報が放送された．最初は6mの大津波，その後は修正されて10mの大津波に変わった．自宅は海まで180m，標高は1m程度なので，津波に襲われることはもともと覚悟していた．宮城県沖地震を念頭に置いたハザードマップでは，私の住む地区は1mくらい浸水すると予想されていた．今回は予想外の高さである．しかし自宅は新しいRC造り建物の11階にあり，高さ30m程度はある．また1960年のチリ地震津波のときに発生した塩釜港における大きな船舶の漂流についても，防潮堤，道路，鉄道高架や建物などの現在の配置状況から見て，自宅への衝突など直接の大被害は与えないと，自宅購入時，事前に判断していた．そのうち，近くのビルの1階で食事処を開いている息子が，居合わせた客を安全な場所に誘導した後，無事自宅に戻ってきた．そこで部屋に散乱した危険物を片付けた後，ベランダに出て津波の様子を見守ることにした．

地震から1時間14分後の16時ごろ，津波は静かに塩釜港の防潮堤を乗り越えてやってきた．多少離れているせいか，何の音も聞こえない．最初，堤の上を何箇所かで少しずつ漏れるような流れだったのが，すぐに合流し勢いは増し，堤全体を覆うように溢れだし国道45号線バイパスに流れ出た（表紙写真参照）．しかし仙台方面からやってくる車両は目の前の水流を見たであろうが，かまわず突っ込み，やがて浮遊し流されていった．バイパスに面したショッピングセンターの屋上からは"早く車を捨てて逃げろ"と多くの人々が叫んでいた．やがて自宅前にある小路にも，津波とともに多数の車がガチャガチャガラガラと衝突音を立てながら流れ込んできた．近くのJR本塩釜駅前の広場にも車は流されてきた．まだ夕方とはいえ小雪のちらつく暗いなかであった．電気系統のショートでも起きたのか，いつまでも警笛や照明が消えない車があり，実際よりも近くに見える仙台港の石油コンビナート火災の紅蓮の炎や爆発音とあわせ，いまでも目や耳の奥底に焼き付くように残っている．

このときから津波被害の後片付け，食べ物や生活必需品の確保，電気，水道

そして最後にガスなどのインフラ再整備までの約1か月の間，私にとっての"大震災"が始まった。また報道には出ない身近なところでの被害情報も少しずつ入ってきた。"大規模半壊"と認定された自宅や息子の店，近くにある知人の店々やJR本塩釜駅駅舎などの建物も津波で壊され，多くのものが失われた。大学退職後，新たな友人・知人になっていただいた漁業，仲卸業や飲食業関係の方々のなかからも犠牲者が出ていたことは，後になって少しずつ知るようになった。

災害遺産と本書の目的

　以前，私が大阪府教育委員会に勤めていたとき，雲仙普賢岳火砕流災害や阪神淡路大震災に遭遇し，ともに科学教育や防災教育の立場で関わったことがある。具体的には小中高の先生，生徒や一般市民を現地へ案内して被災建物，火砕流堆積物や断層の露頭などを見学していただきながら，その場で発生していた現象の科学的説明や，防災を重視した説明を行っていた。東日本大震災についても震災遺構を見せて情緒的な話をするだけでなく，地震，津波の科学や歴史の説明，人々の行動と犠牲者が生まれた原因の説明など，より踏み込んだ解説も加えたいと考えた。このようなツアーの実施によって，今後同様の地震・津波被害を受けるかもしれない地域の人々に，実物や科学リテラシーに基づく防災教育ができ，同時に教育旅行，修学旅行を通して交流人口の増加を図り，地域の活性化につなげられるのではないかと考えていた。

　そんなとき，宮城県内の大学，自治体や報道などの関係者で，東日本大震災の復興計画策定や津波被害研究など，被災地に何らかの形で関わっている有志が集まって"3.11震災伝承研究会"がつくられ，私も参加することになった。研究会では"被災地を歩き，被災者の声に耳を傾け，二度とこのような犠牲を繰り返さないよう，得られた教訓を後世に語り継ぎ少しでも将来の減災につなげたい"としている。検討の結果，2012年9月には保存が望まれる震災遺構として宮城県内15の沿岸自治体に46件の対象を提案した。この提案をもとに各自治体はさらに検討を加え，残すべき遺構として山元町中浜小学校，

仙台市荒浜小学校や東松島市野蒜駅(のびるえき)など計8件を挙げている．一方，内閣府は2014年6月に"災害遺産"の募集と選定という方針を提案した．提案では遺構だけでなく，石碑，文献や伝承なども遺産の対象とし，教訓となる事例を掘り起こし地域の防災力強化を促すという狙いを挙げている．具体的事例として過去の三陸大津波のとき各地に設置された石碑，1854年の安政南海地震のとき和歌山県広川町に生まれた逸話「稲むらの火」，東北地方の教訓「津波てんでんこ」，阪神淡路大震災の野島断層など多様なものが挙げられた．このような内容の災害遺産を選定し，語るべき教訓などを整理したうえで，今後の防災教育や観光資源として地域の活性化につなげようという趣旨である．本書で対象とする災害遺産や取り扱う趣旨も基本的には内閣府による提案とほぼ同じ考えである．本書では主たる読者として初中等教育学校の先生や自治体などにおける防災関係者を想定しているが，防災について関心を有する多くの一般市民や学生の方々にも手にとっていただきたいと考えている．

　最後に本書で扱った災害遺産の分布とアクセス方法について触れておこう．本書で扱う災害遺産は震災後7年の間に現地調査や文献調査を行った宮城県内の遺産を対象としている．災害遺産の詳しい説明は第1章「災害遺産の記載とジオストーリー」にて行い，それらの概略位置は次ページの図に示す．震災後すでに7年が過ぎ，各地で復興が進んでいる．そのなかでは津波被災痕跡の撤去，建物の撤去と新設，嵩上げ工事，防潮堤建設，高台移転などの復興工事が進み，被災時とは大きく変貌し，また時間経過とともにその姿を時々刻々変えつつある．そのため災害遺産の住所がわかっても，アクセスが困難なケースも多い．本書では「災害遺産の記載とジオストーリー」に，旧住所とともに代表地点の緯度経度の情報を記している．下記のウェブサイトで住所または緯度経度を入力すると，道路や建物を含め現地の最新情報が得られる．とくにGoogle Earthでは時間経過とともに現地がどのように変化したのか復興状況を含め衛星写真によって知ることができる．

- Google Earth　　https://www.google.co.jp/intl/ja/earth/
- 国土地理院地図　　https://maps.gsi.go.jp/#5/35.362222/138.731389/&base=std&ls=std&disp=1&vs=c1j0l0u0t0z0r0f0

対象災害遺産の位置図
[ ]内は第1章の節の数字を示している。

●著者プロフィール●

谷口 宏充（たにぐち ひろみつ）
東北大学大学院理学研究科博士課程修了（理学博士）
大阪府教育委員会科学教育センター 研究員・主任研究員（1974～1997）
東北大学東北アジア研究センター 教授（1997～2008）
東北大学名誉教授
【著書など】
マグマ科学への招待（裳華房）
中国東北部白頭山の10世紀巨大噴火とその歴史効果（編著：東北アジア研究センター叢書）
火山爆発に迫る―噴火メカニズムの解明と火山災害の軽減（編著：東京大学出版会）
白頭山火山とその周辺地域の地球科学（編著：東北アジア研究センター叢書）

菅原 大助（すがわら だいすけ）
東北大学大学院理学研究科博士課程修了（理学博士）
東北大学災害科学国際研究所（2012～2015）
ふじのくに地球環境史ミュージアム 准教授
博士（理学）（2006年東北大学）
【著書など】
2011年東北地方太平洋沖地震による津波の堆積作用と堆積物：広田湾と仙台湾の事例を中心とする検討（地質学雑誌）
地質学的データを用いた西暦869年貞観地震津波の復元について（共著：自然災害科学）

植木 貞人（うえき さだと）
東北大学大学院理学研究科博士課程中退
東北大学大学院理学研究科附属地震・火山噴火予知研究観測センター 助手・准教授（1974～2013）
博士（理学）（1992年東北大学）
【著書など】
日本の火山ウォーキングガイド（共著：丸善出版）

第 1 章　災害遺産の記載とジオストーリー

1.1　気仙沼市内の脇地区（内の脇 1 丁目）　　　谷口宏充

【見学と学習の主題】
　津波火災と同時に震災時とくに危険視されている火災旋風も発生していた
【災害遺産（所在地住所，緯度経度）】
　内の脇 1 丁目（気仙沼市内の脇 1 丁目，38°53′40.90″N，141°34′30.30″E）
【交通】
　JR 気仙沼線南気仙沼（市立病院入口：BRT）駅下車，徒歩 15 分程度
　車利用が便利

◆地区の概要

　気仙沼市"内の脇"地区は，大川沿いに気仙沼湾から 2 km ほど内陸に入り込んだ地点で，川の左岸にある。東日本大震災直後の国土地理院による精密な数値地図によれば，同地区の標高は高いところで 3 m，平均 0～1 m 程度で，場所によっては 0 m 以下もある平坦な低地帯である。気仙沼市における 3.11 震災時の最大震度は 6 弱程度，津波の浸水深は北に約 1 km 離れた気仙沼市街地の 1 地点で 3.8 m の値が報告されている。また内の脇 1 丁目の住宅に残された津波痕や証言から判断して 5 m± 程度であったと考えられる。内の脇全地区における死亡者数は 71 名で，総人口に対する死亡率は 5.91％ になる。図 1.1 からもわかるとおり，大川を挟んで対岸にあたる南郷地区に比べて，内の脇地区の津波による家屋などの流出・破損状況は激しい。数値地図によると，内の脇地区のほうが平均標高は低く，津波浸水深が大きいと予想され，この差が違いをもたらしたものと考えられる。

図 1.1　内の脇地区の震災後の衛星写真
赤破線は津波火災による延焼範囲（篠原・松島，2012）。気仙沼線南気仙沼駅は津波と火災によって全壊し，2017年現在，西方向約 800 m に移転し BRT で代行している。

◆内の脇 1 丁目での出来事

　3 月 11 日の津波の後，内の脇地区では倒壊建物や瓦礫が各所を覆いつくしていた。気仙沼線北側を除き水はすでに引いており，湿った泥が数十 cm くらいの厚さで堆積しており，火災の報告もなかった。火災の発生が確認されたのは，津波から 3 日も後の 14 日午後 10 時 34 分であった。火災の原因については特定されておらず，関連して訴訟も起こされたが，地裁判決では当時多発した車の電気系統からの発火などに由来し，津波に関連して発生したと判断されている。気仙沼・本吉地域広域行政事務組合消防本部（2012）の記録によると，火災発見後，15 日の午後 8 時 20 分に鎮圧し，完全鎮火は 3 月 25 日の午後 3 時であった。篠原・松島（2012）によると火災前日の朝から気温は急上昇し，湿度も低く，乾燥が進み，津波浸水域であるにもかかわらず燃えやすい条

図1.2 内の脇地区の津波火災
写真は気仙沼・本吉地域広域行政事務組合消防本部（2012）による。参考のため中国で発生した火災旋風（中国網日本語版，2015）を左下に示す。

件にあったらしい。同日午前4時台の最大瞬間風速は 1.8 m/s であり，風は非常に弱かった。

　火災旋風が目撃されたのは 15 日の午前 4 時 30 分ごろである。その発生位置が延焼範囲内のどこかは不明である。火災旋風の継続時間は 5 分程度で，うねってはおらず，色は赤〜オレンジ色で，移動はしなかった。火災旋風の高さは少なくとも約 70 m 以上で約 230 m 未満，直径は 55〜130 m と推定されているが，写真などに撮影はされていない。

◆災害遺産は何を語っているのか

　東日本大震災では，気仙沼市を含め大規模な津波火災が多発し，その画像は大きな衝撃を与えた。一方，マスコミ関係では取り上げられなかったようだ

が，気仙沼市では，大規模震災時にとくに危険視されている火災旋風の発生が報告されている（篠原・松島，2012）。火災旋風による被害で最もよく知られているのは1923年9月の関東大震災の例である。関東大震災では東京，神奈川を中心に約10万5千人の死者・行方不明者を出したが，そのうち火災による犠牲者数は約9万2千人であった。とりわけ被害が酷く約4万人が焼死した東京本所被服廠跡では，大規模な火災旋風が発生し焼死の主原因とされている。

　火災旋風は火災による上昇気流と自然の風とが組み合わさってできる一種の竜巻であり，内部には火炎や火の粉などを有し1000℃を超えるほど高温で，風速は秒速100mを超えることがある。旋風の移動過程において周辺に火災を広める延焼効果も著しい。今回は津波による被災地であり，建物などの可燃物も少なく，また風も穏やかであったためにそれ以上の広がりはなかったのであろう。しかし逆に言うと"水と火"という相容れなさそうな条件下にあるように見える津波被災地であっても大規模火災が発生し，建物などの地理的分布，気象条件や火災規模などの諸条件によっては，火災旋風が発生し，さらに多くの人々を犠牲にする可能性があることは知っておく必要がある。

〈文献〉

中国網日本語版（2015）広東省慶州市，高さ20メートルの火災旋風が発生，http://japanese.china.org.cn/travel/txt/2015-07/09/content_36020487.htm.
気仙沼・本吉地域広域行政事務組合消防本部（2012）東日本大震災　消防活動の記録，129p.
建築研究所（2012）東日本大震災における津波火災・地震火災，BRI News，Vol.56.
篠原雅彦・松島早苗（2012）東日本大震災で目撃された火災旋風，季刊 消防防災の科学，No.108.
相馬清二（2012）火災旋風，http://www013.upp.sonet.ne.jp/smodel/FireWhirl/FireWhirl.htm.
田中哮義（2012）東日本大震災に伴う火災の調査から得られる教訓，季刊 消防防災の科学，No.108.

1.2　気仙沼市波路上地区（杉ノ下高台・気仙沼向洋高校）　谷口宏充

【見学と学習の主題】

　"杉ノ下高台の悲劇"発生と向洋高校生らの緊急避難成功の理由

【災害遺産（所在地住所，緯度経度）】

杉ノ下高台（気仙沼市波路上杉ノ下，38°49′37.45″N，141°35′12.53″E）
向洋高校旧校舎（気仙沼市波路上瀬向 9-1，38°49′53.64″N，141°35′26.46″E）
【交通】
JR 気仙沼線陸前階上(はしかみ)駅下車，徒歩 25 分程度
車利用が便利

◆地区の概要

　気仙沼市波路上地区は三陸のリアス海岸の一部であり，東の太平洋に突き出た半島状の地形をなす（図 1.3 参照）。先端のやや小高い波路上岩井崎や旭崎の岬一帯は約 3 億年前のペルム紀の硬い地層からなり，標高が数 m～20 m くらいの小高い土地は主として数百万年前の新第三紀の地層からなる。そしてそ

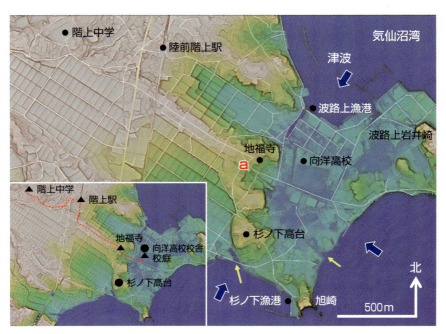

図 1.3　波路上地区の詳細標高段彩図
青色：−1m, 水色：+1m, 緑色：+5m, 黄色：+10m, 赤色（赤色立体地図）：+15m 以上，白線は道路，黄色矢印は引き波による侵食の跡，左下図の赤破線は向洋高校生らの避難経路。

れらの間の海に向かって開いた低い地域を，未だ固結していない完新世の新しい地層が埋めている。

　この地区の東方沖合約 140 km には日本海溝があるため，昔から海溝型の大地震がたびたび発生し，それに伴う津波も繰り返し押し寄せていた。さらに，太平洋を挟んで1万7千 km も離れた，チリなど南米西岸の海溝で発生した津波も押し寄せていた。これら度重なる津波による被害の歴史のため，波路上地区では津波防災に対する住民意識が高く，多くの住民が参加して避難訓練が毎年行われていた。主要な産業は漁業であり，波路上漁港などを中心に養殖など主として沿岸漁業に従事する人々が多い。そのため船の避難訓練も行われていた。震災前（2010年10月）の波路上地区の人口は1377人で，東日本大震災によって95名の人々が亡くなった。死亡率は約7％であり，気仙沼湾に面する近くの他地区の死亡率（0〜3％）に比べ大きかった。

◆杉ノ下高台での出来事

　繰り返して三陸の海辺を襲った津波のなかでも，2万2千人もの犠牲者を出した 1896 年の明治三陸大津波のとき，地区では全滅した集落もあった。しかし標高約 13 m の杉ノ下高台には波が押し寄せても被害が出ることはなかった。そのため波路上地区の海沿い集落では，

図 1.4　杉ノ下高台

津波警報が発令されたとき，この高台に避難するよう市から指示されており，繰り返してこの高台への避難訓練が行われていた。また行政と住民とが一体になって防災のための勉強会も繰り返し行われていた。あの日の14時46分，東

北地方太平洋沖地震が発生し，気仙沼では震度 6 弱の揺れが観測された。訓練に従って，15 時ごろには約 60 名の住民がこの高台に避難した。それから約 20 分後には高台東方の海から津波が上陸し，ついで南方側からも上陸し，低地を覆いながら高台に押し寄せてきた。双方から来た津波は頂上付近で激突し，大きく盛り上がり，渦を巻いていたという。高台にいた人々の多くは逃げ場を失った。高台に残る痕跡から推定される津波の高さは 13.7 m であった。15 時 28 分ごろには高台は完全に水没した。その後，引き波が始まり，多くの人々が海のなかに引き込まれていった。引き波の強さは建物や樹木を運ぶ映像ばかりでなく，東や南の海岸に浸食痕としても残されていた。杉之下の集落における犠牲者数は 93 名で，実に 3 割もの住民が犠牲になった。

◆宮城県気仙沼向洋高等学校での出来事

　向洋高校は 1901 年水産系の学校"気仙沼町立水産補習学校"として市役所に近い八日町に生まれ，1977 年，学校の専門性を重視して旧波路上塩田跡の，海に近い当地に移転した。その後の教育内容の充実とともに，幾多の変遷後，1994 年，校名も現在の名称になった。同校は南東方向の海から約 500 m，北東方向の海から約 260 m 離れ，標高は 1〜2 m 程度の低地に立地している。生徒数は 1 年生から 3 年生までで合計約 330 名である。校風として"礼儀正しく，各種学校行事などにも積極的に参加してゆく"という伝統が根づいていたという。

　向洋高校には火災や地震発生の非常事態に際して，2 通りの避難計画が準備されていた。火災の場合には，いったん校庭に集合した後，避難所に指定されている約 1 km 離れた地福寺に避難する。一方，地震の際には校庭にいったん避難後，校舎の 4 階に再避難するというものであった。2011 年のあの日は年度の最後の授業日であった。3 年生はすでに卒業しており，校内には 1 年生と 2 年生とをあわせ約 220 名の生徒がいた。地震発生時，帰宅した生徒を除き約 170 名の生徒が残り，部活などで校庭や校庭に近い場所にいた。学校では校舎の工事や入試関連の作業のため，立ち入り禁止の場所も多かった。これらの理

図 1.5　震災遺構に指定された向洋高校校舎　　図 1.6　津波により校舎内に残された車両

由により生徒や教員たち約 200 名は，地震が発生したとき，避難計画に従った校舎 4 階への避難は行わず，校庭に集まった生徒たちを 20 数名の教員たちが引率して地福寺に向かった。地震発生約 5 分後の行動であった。地福寺に到着する頃には，予想される津波の規模が 10 m を超える大津波警報に変わっていた。そのためさらに高台を目指して移動を続け，避難場所も階上駅から最終的には階上中学校に変更し，全員無事に生還することができた。

　被災時，校舎内には仕事の関係で約 20 名の教職員と工事関係者 26 名が残留していた。彼らはワンセグ携帯電話から入る情報を参考に，1 階の事務室にあったマスターキーを持って，まず 4 階に避難し，その後，通常は施錠されている屋上に避難して全員無事であった。

◆災害遺産は何を語っているのか

　波路上地区では杉ノ下高台と向洋高校という 2 件の災害遺産の例を取り上げた。前者では多くの犠牲者を出し，後者では 250 名くらいの関係者が全員無事であった。どちらも海に近く，お互いの距離も 500 m 程度と極めて近い。そこを波高 10 m を超える同じ大津波が襲った。2 件とも，日頃から津波に対する防災の準備は積極的になされており，3.11 のときも地震直後からの早めの避難行動など，いわば模範的な行動が共にとられていた。それにもかかわらず，なぜこのような違いが生まれたのであろうか？

図 1.3 に示した標高段彩図で杉ノ下高台周辺を見てみよう。杉ノ下高台と記した地点の北方約 200 m にも標高 12 m 程度の高台があり，さらに道路を経て国道 45 号線まで連続して避難することが可能なように見える。しかし図から直感的にもわかるとおり，両高台の間は標高 8 m 以下の低所となっており，8 m 以上の津波が到達すると杉ノ下高台は孤立してしまい，より高所に再避難することはできなくなる。明治三陸大津波のとき，杉ノ下高台が津波で覆われることはなかったが，波高は 11 m であったことが知られており，危機一髪であった。予想される津波の高さは地震の規模，発生メカニズム，震源位置や海底・陸上地形などの情報も関係するため，正確な予想は容易ではない。そのため予想が外れたときの再避難方法も含めて，避難場所や避難ルートの決定は精密な地理情報に基づき十分に考えておくべきではないだろうか。

では，杉ノ下地区周辺にいることを前提にしたとき，どのような避難場所とルートを選ぶべきであったのか，図 1.3 を見ながら考えてみよう。必要条件はアクセス可能なできるだけ高い地点であり，津波の浸入状況を確認しつつ，より高い場所に連続して避難するルー

図 1.7　杉ノ下高台につくられた東日本大震災慰霊碑

トが確保できる場所ということであろう。その意味では図 1.3 に記した地点 a の地福寺周辺が適切であろう。この地点は標高 10 m 程度で，西北方向の舗装道路沿いに，標高 20 m の国道 45 号線交差点まで高度を上げながら連続して避難することができる。また交差点を過ぎても，さらに高い場所まで移動することができる。実は，この道路周辺は通称"明戸町"と呼ばれ，明治三陸大津波のとき地区住民の約 74％ もの犠牲者を出した後に集団高台移転した地区に符合する。図 1.3 の左下に示した向洋高校生らが使用し全員無事に避難できた

ルートは，まさに詳細標高段彩図から直感的に読み取れるこのルートに一致している．図 1.7 には地区の住民によりつくられた東日本大震災の慰霊碑を示す．慰霊碑の裏面には次の一文がある．"この悲劇を繰り返すな　大地が揺れたらすぐ逃げろ　より遠くへ　より高台へ"．この杉ノ下高台の被災例では，素早い避難開始の奨励と同時に，より安全な避難のための高所とルートとを，事前に精密な地形図を用いて検討しておくことの重要性が示されているように思える．ただし今回の津波では同一浸水深の場合，リアス海岸のほうが他に比べて犠牲者が少ないことがわかっている．これは近くに高台があるためとされ，"より遠くへ" は必ずしも安全でないことを示している．

〈文献〉

片山秀光（2014）東日本大震災遺構の提案「波路上地区一帯を遺構に」，http://jifukuji.blogspot.jp/2014/06/blog-post.html．
気仙沼向洋高校「震災の記録」編集委員会編（2013）東日本大震災の記録〜震災から 2 年を経て〜，宮城県気仙沼向洋高等学校，107p．
NHK 総合（2014）宮城県気仙沼市〜杉ノ下高台の戒め〜，証言記録東日本大震災，32，NHK エンタープライズ．
都司嘉宣・他（2011）2011 年東北地方太平洋沖地震の津波高調査，地震研究所彙報，86，29–279．
山内宏泰編（2016）東日本大震災の記録と津波の災害史，リアス・アーク美術館，171p．

1.3　南三陸町志津川地区（防災対策庁舎・高野会館）　　谷口宏充

【見学と学習の主題】
　津波防災の視点で志津川の公共施設における立地と避難問題を考える
【災害遺産（所在地住所，緯度経度）】
　防災対策庁舎（南三陸町志津川字塩入 77，38°40′39.88″N，141°26′47.20″E）
　高野会館（南三陸町志津川字汐見町，38°40′31.79″N，141°26′42.82″E）
【交通】
　JR 志津川駅（BRT 路線）から防災対策庁舎まで徒歩約 5 分
　車利用が便利

◆南三陸町・志津川地区の概要

　南三陸町は宮城県の東北部に位置し，2005年に旧志津川町と旧歌津町とが合併してできた町である．人口は2011年2月末の時点で約1万7700人であり，そのうち約半数の47％は志津川地区に，29％は歌津地区に，そして14％は戸倉地区に居住している．これら3地区は海沿いにある．残り11％の人々が住む入谷地区は海から離れた山間にあるが，八幡川を通じて志津川湾につながっている．中心市街地のある志津川地区は仙台から東北方向に約68 km離れ，仙台駅からは宮城交通高速バスで志津川駅まで約1時間50分かかる．

　図1.8には志津川地区の詳細標高段彩図を示している．南三陸町の東側は太平洋（志津川湾）に面し，リアス海岸となっている．地図の赤色部分は標高

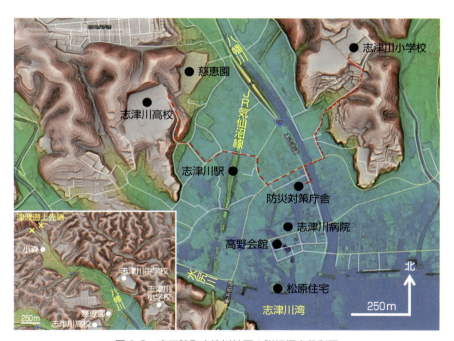

図1.8　南三陸町志津川地区の詳細標高段彩図
青色：-1 m，水色：+1 m，緑色：+5 m，黄色：+10 m，赤色系（赤色立体地図）：+15 m以上，赤破線：防災対策庁舎からの避難ルート．左下の図は慈恵園より上流の八幡川沿いの地域を示している．

15 m 以上の主として森林からなる山並みであり，町の面積の 70％ 以上を占め，主に中生代三畳紀～ジュラ紀の堆積岩や白亜紀の深成岩から構成されている．奥州藤原氏の繁栄の源となった砂金は，江戸時代早期まで入谷地区でも産出し，地域は大いに賑わっていたという．歌津地区の海辺に分布する中生代三畳紀の地層からは，保存状態の良い世界最古の魚竜（ウタツギョリュウ）の化石が発見されていることで知られている．南三陸町の北部は気仙沼市に，西部は登米市に，そして南部は石巻市におのおの山並みをもって接している．山並みの標高は 200～400 m 程度であり，最も高い場所は石巻市との境にある田束山(たつがねさん)で，標高は 512 m である．このように南三陸町は東側を除き，山並みで取り囲まれた盆地状の地形を呈している．それに対し黄色～水色で表される平坦な土地は標高 15 m 以下の低地で，完新世の堆積物や人工埋立地となっており，河口周辺と河川沿いに分布している．住民の多くは主としてこの低地に住んでいるが，東日本大震災のときにはそのほとんどが津波によって冠水した．その結果，死者は 620 名，行方不明者は 211 名，あわせて計 831 名もの犠牲者を出し，さらに計 3321 戸，約 62％ の建物が全壊，大規模半壊，半壊以上の損傷を受けた．津波は八幡川沿いに河口から約 3400 m も離れた標高約 15 m の山間の集落小森にまでも遡上し，犠牲者を出すに至った（図 1.8 の左下図参照）．

　町の産業としては志津川湾を中心にした沿岸漁業が特筆され，タコ漁や銀鮭の養殖が知られている．漁業や水産加工業施設などは津波によって壊滅的とも言えるほど破壊されたが，現在ではかなり復旧が進んでいる．また近海の海産物や周囲の美しい景色を生かして，ホテルなどの観光関連産業も復活してきている．

◆志津川地区での出来事

　1960 年，現地時間の 5 月 22 日 15 時，南米チリ沖でマグニチュード 9.5 の超巨大地震が発生し，5 月 24 日，三陸海岸にも波高 6 m を超える大津波（チリ地震津波）が押し寄せた．この津波によって志津川地区でも 41 名が死亡する

など大きな被害を受けた。1896年の明治三陸津波や1933年の昭和三陸津波など，それ以前から南三陸町ではこのチリ地震津波以外にも多くの津波を経験しており，そのため津波危機に向けて避難所や避難ビルの指定を行い，毎年防災訓練を行うなど，災害に強い町づくりを目指してきた（南三陸町，2018）。志津川地区では志津川小学校体育館や中学校体育館など13か所が避難所や避難場所として指定され，またすぐ近くに高台のない海沿いの地域では松原住宅，志津川病院や高野会館など鉄筋コンクリート造の建物が津波避難ビルとして指定されていた（図1.8, 図1.9）。

2011年3月11日14時46分，南三陸町の東南東方向約140km，深さ約24kmの三陸沖海底を震源としてマグニチュード9.0の超巨大地震が発生した。この東北地方太平洋沖地震は，志津川や歌津で震度6弱を記録した。この地震によって，宮城県を含む海岸一帯に14

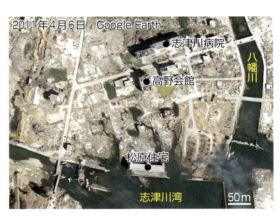

図1.9　震災直後の志津川地区衛星写真

時49分，気象庁から6m程度の高さの大津波警報が発令され，予想される津波到達時刻は15時ごろとされた。南三陸町の北北東37kmくらい離れた気仙沼市広田湾に設置されたGPS波浪計によって14時54分と15時14分に6m程度の津波が観測され，15時14分，気象庁は予想される津波の高さを10m以上に引き上げた。15時08分，南三陸消防署海面監視隊は南三陸町戸倉で引き波を確認し，続いて15時18分には押し波が確認された。この時刻ごろから津波は志津川市街地には湾から直接浸入し，また八幡川に沿って遡上し溢れ出し川の周辺地域にも浸入していった。最終的に確認された津波の高さは高いところで志津川字上の山の15.41m（浸水深）であった（気仙沼・本吉地域広域行政事務組合消防本部，2012）。

次に志津川市街地の海抜 1 m 程度の近接した低地にあり，頑丈な造りの互いに津波防災に関連した建物において，この津波はどのようなことを引き起こしていたのか見ておこう。町営松原住宅，高野会館，公立志津川病院と南三陸町防災対策庁舎の 4 件である。

まず，津波避難ビルに指定されていた 4 階（＋屋上）建て 2 棟の松原住宅である。海との間には高さ 5.5 m の防潮堤があるものの海までの距離はわずか 10 m 程度，海岸線に沿って建てられ，波を真正面から受けやすい配置になっていた。この建物は 2005 年と 2006 年に相次いで建てられた新しいものであり，当初から避難ビルとして活用されることが念頭に置かれていた。そのため建物の耐震性の強化はもとより，土地の嵩上げなども行い，津波への備えが考慮されていた。3.11 当時，松原住宅では入居者 22 名と外部から逃げてきた人々を含め 44 名が屋上に避難した（河北新報，2011）。当時，在宅していた入居者の一部は高台の志津川小学校などに車で避難していたが，ぎりぎりのところで助かった例もあったらしい。入居者らは屋上に逃れ，津波は屋上にまで達したが膝上で止まり，柵につかまるなどして全員無事であった。建物の周囲は水没状態であり外部へ行くこともできず，救出されたのは翌日の夕方であった。後で調べてみると，地震による液状化のためか建物の下には空洞もできていた。しかし基盤層まで達する多数の杭打ちの効果もあったのか，他地域の古いビルで見られたような津波による倒壊は免れた。

次に同じく津波避難ビルに指定され，街の中心部にあった結婚式場高野会館について見てみよう。同会館は 4 階（＋屋上）建てで，海からと八幡川からとは同じく 230 m ぐらい離れていた。3.11 の地震当時，高齢者による芸能大会が開かれていた。

図 1.10　高野会館

地震の後，元漁師だった会館の営業部長が海を見ると，海面が大きく下がっており"大きな津波が来るはずだ。外に出たら危ない"と判断し，避難を呼びかけた。15 時 5 分ごろであった。参加者たちは会館を出ようとパニックになりロビーに殺到した。しかし"生きたかったら，ここに残れ"と男性の怒鳴り声が響き，従業員は参加者たちを外に出さないよう人間バリケードを築いた。このようにして地元のお年寄りら 327 名は，従業員らの素早く的確な指示で屋上に避難し，後に無事救出された。津波は 4 階まで達していた。しかし従業員の制止を振り切り，外に逃れた人のなかからは犠牲者が出ていたらしい。

次に道路一つを挟んで高野会館の目の前に位置する志津川病院について見てみよう。この病院は 1960 年のチリ地震津波の経験をもとに可能な防災対策が施された総合病院であり，東棟（4 階＋屋上）と西棟（5 階＋屋上）の 2 棟よりなる。西棟の 5 階の上の屋上は津波避難所

図 1.11　志津川病院東棟（市原美恵氏撮影）

に指定されていた。この地域ではチリ地震津波により約 2.8 m の波高を記録したが，その後，5.5 m の防潮堤が築かれ，志津川病院では津波対策として 3 階以上に病室を設けていた。地震が発生して 3 分後の 14 時 49 分，6 m の大津波警報が発令，そしてさらに 25 分後の 15 時 14 分の 10 m 以上の大津波警報への更新ごろから，外部からの住民の避難も重なり，病院はごった返していった。そのなかで医師，看護師，職員ら病院関係者は患者を 5 階へ避難させようと必死に働いていた。津波は地震発生から約 45 分後の 15 時 30 分ごろ土煙とともに到達した。当時，病院には入院患者と避難住民など計 347 名の人々がいた。入院患者の多くは自力歩行が困難な高齢者であった。その結果，屋上に向けて避難中だった患者 67 名と看護師ら 4 名が津波によって犠牲になった。そのな

かには，津波の引き波によってベッドごと病院の外へ流されていった者も，寒さのなか，水に濡れて低体温症などで亡くなっていく者もいた。残された患者たちは，翌日 12 日の昼過ぎから自衛隊のヘリコプターで助けられた。震災後，イスラエルの医療チームや国境なき医師団など，多くの国内外の協力を得て医療を再開し，その後，2015 年 12 月には市街地東部の標高約 60 m の高台に後身として町立南三陸病院を開院した。

最後に南三陸町防災対策庁舎の例について見ておこう。同庁舎は海からは約 500 m，八幡川からは約 50 m 離れ，標高約 1 m の位置にある。町役場の行政庁舎の一つで，1995 年に建てられた鉄骨造の 3 階建ての建物であり，隣接して 2 階建ての行政第 1 庁舎と第 2 庁舎

図 1.12　防災対策庁舎（市原美恵氏撮影）

とが建っていた。この防災対策庁舎の 2 階には危機管理課があり，災害対策本部が置かれていた。約 12 m の高さの屋上は避難場所として指定されていた。この庁舎では津波到達の 15 時 25 分ごろまで，危機管理課の女性職員などが，防災無線放送で住民に繰り返し避難を呼びかけていた。波の高さについては"最大で 6 m"という放送が続き，最後の 4 回のみ"10 m"と変更された。さらに放送を続けようとする女性職員をさえぎり，"上へ上がって，未希ちゃん，上がって"という周囲の制止の声を最後に，防災無線放送は途切れた。津波が迫りくるなかで，職員らは屋上に続く階段を駆け上がっていったが，15 時 33 分ごろ津波は屋上より約 2 m 上まで襲いかかり庁舎を飲み込んだ。何人かは柵の手すりやさらに高い無線アンテナにしがみついた。しかし屋上に避難した町職員ら約 30 名のうち，助かったのはわずかに 10 名のみであった。

◆災害遺産は何を語っているのか

　先に記した津波避難ビルに指定されていた4件の例は，水辺からの距離にしても建物が立地した標高にしてもそれほど大きな違いはない。建物が分布している地域が津波に襲われたときの画像によると，周囲の建物や地形条件などによる多少のゆらぎはあるのかもしれないが，地域内では津波の高さはほぼ同一であったように見える。しかし結果的に防災対策庁舎と志津川病院では多くの犠牲者を出し，高野会館と松原住宅では建物の外に逃れた人を除き犠牲者を出すことはなかった。ビル内で避難した高さは，防災対策庁舎では3階の上の屋上（約12 m）であり，そこはさらに約2 m 上まで波に覆われた。津波の高さは約14 m であったことになる。志津川病院では津波の到達しなかった5階以上を目指したが，身動きの困難な患者や患者の搬送に携わった職員は4階以下にとどまらざるをえず，津波に襲われ，引き波にさらわれ多くの犠牲者を出した。それに対して高野会館（4階＋屋上）では避難を指示された屋上までは津波は達せず，また松原住宅（4階＋屋上）では屋上まで達したものの足元までで済んだという幸運があった。ビルの階数と高さとの関係については，目安として1階あたり3 m と一般には見積もられてきたが，現在ではより高くなる傾向があり，とりわけ高層ビルでは4 m 以上になることもあるとの話であった。いま，1階あたりの高さを3.5 m とすると，4階は14 m となり，津波の高さに一致し，被災の状況を説明することが可能となる。いずれにせよ避難した高さや状況のわずかな違いが明暗を分けたことになる。高野会館や松原住宅にしても，あと水位が1 m も上がれば犠牲者を出していた可能性が高く，このような，いわば幸運に支えられて助かった事例は他でも極めて多い。したがって避難する場所としては，津波の状況に応じてより高所に連続して逃れられることが可能な高層ビルや地形を選定するべきであろう。

　ではビル内に留まらず，外の避難所に逃れていた場合はどうなのであろうか？　庁舎内に残った人々は基本的に健常者と考えられ，犠牲になった人と助かった人とが共存していた防災対策庁舎について考えてみよう。庁舎近くで避難ビルを除く指定避難所は図1.8に示すように志津川高校（標高30 m）と志津

川小学校（標高40m）の2か所である。赤破線は庁舎から避難所へのルートであり，志津川高校までの距離は約1000m，小学校までは約700mである。実際にはより近くの志津川小学校に避難した人が多かったようなので，小学校を例として取り上げる。問題は到達に要する時間である。事前に実際に計っておけばよいが，必ずしもデータがあるとは限らない。では健常者の場合，どれくらいの時間で小学校まで到着できるのかということを見積もる必要がある。飯田・青木（2017）は20～23歳の健常成人50名に10m走行を繰り返させ，通常歩行と最速歩行とで所要時間を測定し平均値を報告している。その結果，通常の場合の歩行速度は1.43 m/secであり，最速の場合は2.67 m/secであった。その値を使用すると小学校までは通常で約8.2分，最速の場合には約4.4分で到着することが可能であることになる。実際には700mを連続して歩くとなると速度は多少落ちるものと考えられ，小学校までは通常で約10分，最速では約6分程度で着くことができるものとしておく。東北地方太平洋沖地震は11日の14時46分に発生した。3分後の14時49分，気象庁から6m程度の高さの大津波警報が発令され，15時14分には予想される津波の高さが10m以上に引き上げられ，志津川沿岸には15時25分頃までに大津波が到着した。津波到達時刻から逆算すると，6mの大津波警報が出された時点で庁舎を脱出していれば，余裕を持って徒歩で避難することができた。津波の高さが10mに引き上げられた時点で庁舎を脱出していれば避難は可能であったが，それを過ぎると徐々に困難になっていったことがわかる。車での避難は交通渋滞もあり，必ずしもより短時間で到着できるとは限らず，実際に津波に飲み込まれ犠牲者も出ていた。いずれにしても最初の大津波警報が出た時点で避難を開始していれば，かなりの余裕を持って徒歩で無事に逃げ切ることができたことになる。

　しかし先に示した犠牲者を出した防災対策庁舎や志津川病院と，犠牲者を出さなかった高野会館や松原住宅との最も大きな違いは，前者では津波から人を守るという点で役割上大きな使命があったのに対し，後者では自分自身の生命を守るということが最大使命であったという点であろう。この違いが避難行動の点では決定的だったのではないだろうか。したがって今後の災害時への教訓として，災害弱者を抱える病院や老人ホームなどはもとより，非常時に司令塔

の役割を果たす防災対策庁舎などの場合も，原則的に津波が来ない高台に建物を建てる必要のあることがわかる．

〈文献〉

河北新報（2011）強度設計生きた，津波避難ビル・南三陸町営住宅，10月2日，K20111002A306X0010.

気仙沼・本吉地域広域行政事務組合消防本部（2012）東日本大震災 消防活動の記録，気仙沼・本吉地域広域行政事務組合消防本部，129p.

飯田修平・青木主税（2017）10m歩行テストの信頼性［第一報］―最速歩行と通常歩行の計測順序の違いによる影響，理学療法科学 32, 1, 81-84.

南三陸町（2018）東日本大震災による被害の状況について，http://www.town.minamisanriku.miyagi.jp/index.cfm/17,181,21,html.

NHKスペシャル（2012）シリーズ東日本大震災 もっと高いところへ 〜高台移転 南三陸町の苦闘〜，https://www6.nhk.or.jp/special/detail/index.html?aid=20120310.

1.4 南三陸町戸倉地区（戸倉小学校・五十鈴神社）　　谷口宏充

【見学と学習の主題】
　　災害軽減における十分な事前準備と柔軟な判断の重要性
【災害遺産（所在地住所，緯度経度）】
　　戸倉小学校跡（南三陸町戸倉字沖田18, 38°38′40.10″N，141°26′22.40″E）
　　五十鈴神社（南三陸町戸倉字千谷102-2, 38°38′43.79″N，141°26′13.12″E）
【交通】
　　JR陸前戸倉駅（BRT路線）から五十鈴神社まで徒歩約10分
　　車利用が便利

◆戸倉地区の概要

　戸倉地区は南三陸町のなかでも南端にあり，その北側は志津川地区に，南側は石巻市に，西側は山並みを境に登米市に接し，東側は志津川湾となっている．図1.13の標高段彩図で示された赤色系の小高いところは，主として中生代三畳紀の海成層からなる起伏に富んだ標高15m以上の丘陵地であり，水色〜黄

色で示された地域は河川や海成の堆積物からなる平坦な完新世の低地となっている。震災前 2010 年の同地区人口は 2350 人であり，東日本大震災によって 137 人，約 5.8％ もの人々が亡くなった（谷，2012）。人々が居住していたのは主として黄色〜水色で示された平坦な低地であり，海岸沿い，河口周辺と折立川などの河川沿いに分布した地域にある。東日本大震災では黄色〜水色の低地はもとより，標高がやや高い標高 15 m 程度の土地までも津波によって冠水した。津波は折立川沿いには約 2.2 km 遡上し，標高約 18 m の荒町にまで達している。

図 1.13　南三陸町戸倉地区の詳細標高段彩図

青色：−1 m，水色：+1 m，緑色：+5 m，黄色：+10 m，赤色（赤色立体地図）：+15 m 以上，黒破線：戸倉小学校および戸倉中学校からの避難ルート。

◆戸倉地区での出来事

　戸倉地区には地域の教育にかかわる施設として戸倉保育所，戸倉小学校と戸倉中学校とがある．来たるべき地震や津波に向けて，これらの施設では 3.11 前後でどのような出来事があったのか見ておこう．図 1.13 に示すように保育所と小学校は標高 2 m 程度の低地に隣接してあり，中学校は標高 15 m 程度の丘陵地にあった．南三陸町では 1960 年のチリ地震津波のとき，家の屋根を超えるような大波が繰り返し押し寄せ 41 名もの犠牲者を出した．約 50 年前のこのチリ地震津波では，戸倉中学校までは津波は達せず避難者を受け入れていた．しかし海から約 200 m 離れた戸倉小学校では 3 階建て校舎の一階部分まで水没した．そのため地域ではこのときの経験と，来たるべき地震として"宮城県沖地震"を念頭に置いて津波防災などの準備が進められていた．

　では戸倉小学校ではどのような準備が行われていたのであろうか？　同校は台風や大水の際の避難所として指定されていたが，地震や津波に対しては指定避難所から外されていた．このことから同小学校では地震や津波のときに，"どこへ避難するのか，どのようにして避難するのか"が検討する

図 1.14　津波で屋上まで破壊された戸倉小学校の衛星写真

べき課題となっていた．津波の際の避難先としては西に約 350 m 離れた標高 15 m の宇津野高台（図 1.13）が挙げられていた．しかし当時念頭に置かれていた"宮城県沖地震"では，地震発生後約 3 分で津波は到達するとされていた．地震時にはまず机の下に身を隠し，次に一次避難所である校庭に集合し，そこから二次避難所である宇津野高台へ出発する．出発するだけで少なくとも 5 分

程度の時間がかかるものと試算されていた。そのため宇津野高台よりは，避難に時間がかからない小学校の屋上に変更することが検討されていた。しかし地元出身の教職員からは，過去の津波の教訓に基づいて，高台への避難の必要性が強く主張されていた。

一方，ほぼ同じ場所に隣接して建てられていた戸倉保育所では，地震や津波の際には小学校の屋上に一次避難し，その後，落ち着いてから宇津野高台へ避難することが決められていた。それに対して標高 15 m の高台にある戸倉中学校は，校庭が津波の際に地域住民を引き受ける指定避難所になっていた。そのため自分たちが避難するよりは，むしろ避難所の運営や炊き出しなど，避難者受け入れの視点で対策が立てられていた。

このようななかで 2011 年 3 月 11 日 14 時 46 分，東北地方太平洋沖地震が発生した。隣の志津川地区では震度 6 弱を記録した。保育所では 21 名の園児がお昼寝中であり，小学校では 91 名の生徒がおり，中学校では翌日の卒業式準備に向けて 75 名の生徒が在校していた。14 時 49 分，高さ 6 m の大津波警報が発令された。保育所では地震による揺れが激しく，建物被害も大きいため小学校屋上では危険と判断し，園児に毛布などを持たせて高台に避難することを決断し直ちに実行した。小学校では大津波警報発令後の 14 時 51 分ごろ，校庭への一次避難を省略し，玄関前で生徒の顔ぶれを確認しながら，直ちに宇津野高台に走って避難させた。中学校では校庭に集合させた後，防寒着をとりにいかせ，それから校庭に再集合させた。小学生たちは 15 時前には宇津野高台に到着したが，

図 1.15　五十鈴神社
社より下の標高 23 m 地点には「地震があったら，この地より高いところへ逃げること」との教訓が刻まれた石碑がある。

園児たちはその前に高台に避難していた。15時14分，気象庁は大津波警報を高さ10m以上に引き上げた。15時35分過ぎ，津波は戸倉の海辺の集落を襲い始めた。さらに津波は標高15mの宇津野高台にも浸入し始めたので，より高い五十鈴神社（標高約30m）に再避難し一夜を過ごした。小雪も舞う寒いなか，園児が持参した毛布は命を守るのにたいへん役立ったという。一方，中学校では校庭も危険と判断し，校庭南側の裏山（図1.13参照）寄りに生徒を移動させたが，15時43分ごろ校庭にも津波が到達し始めたので，生徒や住民たちは裏山への斜面を登り始めた。しかし残念なことに校庭では生徒1名と教師1名とが津波に襲われ亡くなった。15時48分，校庭は水没した。まもなく引き波が始まったが，その前後，生徒たちは隣の志津川オリエント工業の工場に再避難を行った。その日の夕方，18時30分ごろ，中学校西側において津波で打ち上げられた人を発見しオリエント工業に運び込んだ。中学生たちは体を張って低体温症になりかかった彼を助けた。3.11以前に，消防署などの指導を受けて行っていた災害救助の訓練が実際に役に立ったことになる。

◆災害遺産は何を語っているのか

このような震災前後の状況から，災害軽減に関してどのようなことが読み取れるのか考えてみよう。戸倉小学校における特徴的な行動は，震災前に教職員の間でチリ地震津波，想定されていた宮城県沖地震，さらに学校周辺の地理的状況などを念頭に置き，生徒の避難プロセスについて徹底的な検討が行われていたことである。そのなかには校舎または高台に避難する場合のメリットとデメリット，避難に要する時間の比較，高台へ行く場合に横断する国道398号線における交通安全の問題，さらには避難後に野外で過ごすことに関する問題など，避難に必要な多様な内容が検討されていた。これらの検討結果については消防署からも意見をもらい修正しつつ，避難についての具体的な内容を明確にしていった。このようにすぐにでも対応可能な準備状況であったので，実際に3.11巨大地震が発生すると，ただちに大津波の襲来を予想することができた。そして高台への時間短縮のため，一次避難を省略し，玄関前での点呼のみ行っ

て避難を開始するという柔軟な行動ができたのである。保育所の素早い高台への避難も，持ち物を含め日頃からの準備の充実を物語っている。中学校では標高 15 m もの高台にある学校への津波の到達というまさに"想定外"の事態が起きたが，事前に行われた避難所の設営などの議論を通して，結果的には自分たちの避難についても的確な判断をすることができたのではないだろうか。これらのことから，平凡ではあるが，常日頃から災害軽減について十分な検討を行っておけば，いざというとき，あまり間違いの大きくない決断を下せることが示されているように思える。

〈文献〉

麻生川敦（2012）東日本大震災における戸倉小学校の避難について ～児童の引き渡しが終了するまでの避難について，www.pref.miyagi.jp/uploaded/attachment/12404.pdf.
河北新報（2011a）家族を想い諦めず，11 月 13 日，K20111113S106X0010.
河北新報（2011b）安心信じた校庭水没，12 月 15 日，K20111215T30XX0010.
谷謙二（2012）小地域別にみた東日本大震災被災地における死亡者および死亡率の分布，埼玉大学教育学部地理学研究報告，32，1–26.

1.5　石巻市釜谷地区（大川小学校・裏山）　　谷口宏充

【見学と学習の主題】
　"大川小学校の悲劇"で思う科学リテラシー向上の重要性
【災害遺産（所在地住所，緯度経度）】
　大川小学校旧校舎（石巻市釜谷山根 1，38°32′45.91″N，141°25′42.56″E）
　大川小裏山（石巻市釜谷山根，38°32′42.40″N，141°25′47.06″E）
【交通】
　車利用が便利
　道の駅「上品の郷」から河北地区住民バスを利用する方法があるが週 2 便のみ

◆石巻市釜谷地区の概要

　東日本大震災によって宮城県でも数多くの悲劇が生まれた。そのなかでも，最大級の衝撃を与えた出来事の一つが石巻市釜谷地区における"大川小学校の悲劇"であろう。この事件がどのようにして生まれたのか，今後，同じような悲劇を繰り返さないためにはこの事件から何を学ぶべきなのか考えてみよう。なお主題に記した科学リテラシーとは，ここでは"科学に関する知識と思考法を有し，必要とされている場面でそれらの知識や思考を基に合理的に問題解決を行う能力"のことを指している。

　釜谷地区は石巻市のなかでも北端に近く，さらにその北部は富士川・北上川を挟んで石巻市北上町十三浜地区に接し，東北部は追波湾を経て太平洋につながり，東部は長面地区，西部は間垣地区に接する。追波湾は大局的には南北に

図 1.16　石巻市釜谷地区周辺の震災直後の詳細標高段彩図
青色：-1m，水色：+1m，黄色：+3m，赤色（赤色立体地図）：+5m 以上。
震災のとき，住宅などがある集落はほぼ海抜ゼロメートル地帯になっていたことがわかる。

伸長する三陸リアス海岸の一部となっている。北上川はかつては岩手県から南北に流れ現在の石巻市中心部で石巻湾に注いでいた（旧北上川）。しかし明治 44 年から始まった改修工事により派川である追波川とつなげられ，昭和 51 年には北上川と追波川は切り離され，現在の流路の北上川（新北上川）が生まれた。

図 1.16 は国土地理院によってつくられた東日本大震災直後の精密な DEM（数値標高モデル）に基づく釜谷地区周辺の標高段彩図である。図のなかで赤色系の部分（赤色立体地図）は標高 5 m 以上の高台，水色や黄色は標高 1〜3 m の低地，青色は標高 0 m 以下となっている。釜谷地区周辺で赤色に塗られた高台は中生代三畳紀の主に固結の進んだ泥岩であり，それに対して高台の間を埋める低地は完新世の河川堆積物や海岸平野堆積物から構成されている。今回の巨大津波によってこの低地はすべて海水に覆われ，瓦礫ばかりでなく多量の砂が運ばれ，場所によっては新たに厚さ 1 m 程度の堆積層が付け加わった。このことは過去約 1 万年の間に繰り返された川の氾濫，海からの高潮や津波の襲来の歴史に，新たな津波の 1 ページが加わったことを意味している。

震災以前，大川小学校（図 1.17）付近を中心にした低地には駐在所，郵便局や診療所などの公共施設と多くの住宅からなる釜谷の集落がつくられていた（図 1.18）。東日本大震災のとき，その集落は標高ほぼ 1 m 以下の海抜 0 m 地帯になっていた。集落は 1955 年までは旧大川

図 1.17　大川小学校と裏山

村の中心であり，その後，河北町の一部となり，さらに 2005 年の平成の大合併によって石巻市の一部となった。集落は北上川右岸にあり，河口からは約 4.4 km 上流に位置していた。2010 年の調査によると釜谷地区の戸数は 129 世

図 1.18 大川小学校周辺の震災前衛星写真と震災直後の詳細標高段彩図
青色：-1m，水色：+1m，黄色：+3m，赤色（赤色立体地図）：+5m 以上。

帯で，人口は 466 人であった．集落は海，川や野山に囲まれ，牡蠣，カレイやスズキなど海の幸，北上川や富士川からはウナギやシジミなどがとれ，野山からは柿やクリなど自然の恵みが豊かな土地であった．住民の多くは米や野菜づくりを行う兼業農家であり，最近では石巻市街地などに働きに出かける人も多かったが，地区全体の雰囲気としては古くからの伝統が息づく，のんびりとした土地柄であったらしい．

ここで釜谷周辺地域における 3.11 以前の津波関係の知見を整理しておこう．

先に記したように大局的に見たときこの地域は三陸リアス海岸の一部であり，同海岸は869年の貞観大津波や1611年の慶長大津波など，昔から繰り返し津波に襲われていたことはよく知られている。しかし北上川沿いに4.4 kmほど内陸に入り込んだ釜谷地区がどうであったのかは，あまりはっきりしていない。1896年に発生した明治三陸大津波に関してまとめられた宮城県海嘯誌（宮城県，1903）によると，北上川で釜谷地区の対岸にあり太平洋に面する十三浜村では，多くの犠牲者と家屋流出を出していた。それに対して釜谷地区が含まれる大川村の項には「大川村は追波の河口に臨み又其湾に面し居るも沿海民家少なかりしを以て流失家屋僅かに一戸死亡亦一人に止まれり」との短い文が記されているのみである。家屋流出が出たことから，高さ数m以上の津波が押し寄せたことは疑いないが，被災の場所は当時の中心地であった釜谷地区よりは，追波川（北上川）の河口に近い長面地区を考えたほうが記載には合う。したがって，より内陸部にある釜谷地区にも川沿いに津波（河川津波）が到達していた可能性は高いが，具体的な被災状況については不明である。また1933年に発生した昭和三陸大津波でも長面地区で橋や防波堤の破壊などの被害が記録されているが，釜谷地区での状況はやはり不明である。

　宮城県は2004年3月に宮城県沖地震（連動型）を念頭に置き，津波浸水予測図を数値シミュレーションに基づき作成し公表した。同図によると，発生が予想される津波は追波湾河口から北上川沿いに約3.5 km，大川小学校の手前約500 mの位置にまで浸水させることになっていた。そのため大川小学校に津波は到達しないとされ，同校は津波の際の避難所として指定されていた。ごく最近では事件1年前の2010年2月，チリ地震津波によって3mの大津波警報が出され，大川小学校には避難所が開設された。さらに事件2日前2011年3月9日のM7.3の大地震の際には津波注意報が出され，生徒や教職員が校庭へ避難（二次避難）する事態があった。これらの機会に教職員間で地震や津波の際の対応が話題となったが，具体的な避難（三次避難）場所について決めることはなかった。過去の大津波でも被災したという明瞭な証拠がないこと，さらに最近のこれら2回の経験が，津波の襲来に対する備えを軽視し，最終的には"悲劇"を生み出す一つの背景になったのではないだろうか。いわゆる正常性

◆釜谷地区での出来事

"大川小学校の悲劇"とは，緊急避難を目指し校庭に待機していた生徒78名のうち74名，教員11名のうち10名，そしてスクールバス運転手1名を含めた合計85名の方々が津波に襲われて亡くなったという痛ましい事件のことである．校庭の隣には歩いて数分程度で安全な高さにまで到達できる裏山があり（図1.16，図1.18），地震直後，津波の襲来が警告されていたにもかかわらず校庭に地震発生後約50分間も待機していた．その間，教員同士，父兄，区長をはじめとする地元住民との話し合いや情報収集が行われ，さらに生徒の不安解消の努力も行われていた．その後，津波が学校に到達する約1分前に，津波が押し寄せる北上川方向にある標高6〜7mの通称"三角地帯"に向かって移動を開始し，その直後ほとんどの生徒と教員が犠牲になってしまった．学校管理下にありながら7割近い生徒が一瞬にして生命を奪われたことになる．表1.1にはいくつかの文献（大川小学校事故検証委員会，2014；池上・加藤，2014；仙台地方裁判所，2016；小さな命の意味を考える会，2017；Parry，2018；仙台高等裁判所，2018など）を基にした，大川小学校における事件の時系列の概要を示している．

"大川小学校の悲劇"がなぜ起きたのかを考えるため，最初に地区や小学校における津波への備えの状況はどうであったのかを見ておこう．大川小学校事故検証委員会は2013年8月に大川地区と周辺地区の住民を対象に，震災以前の津波に対する意識調査を行った．その結果，震災以前に津波を心配していた人は，海に近い長面や尾崎地区では70％に達していたのに対し，同地区以外の釜谷を含む大川地区や北上地区では20％にとどまり，逆に心配していなかったと回答した割合が70％以上に達していた．また石巻市が2009年に配布したハザードマップについて認知度を調べたところ，知っていると回答した人は全地区で10％程度であり，全体的に高いとは言えない．津波の際の避難場所に関して海沿いでは70％の人が知っていると答えたが，釜谷を含め海か

表 1.1　大川小学校における事件の時系列概要
時刻についてはあまり正確ではない。

14：46	地震発生（揺れの継続は約3分）。生徒は机の下に隠れて一次避難。
14：49	津波警報（大津波）が発令される。津波の予想高さは6m。
	校庭へ二次避難。その際、教務主任は生徒に「山に逃げるからな」と声がけをした。
14：52ごろ	防災無線でサイレンの後、6mの津波予告と高台への避難勧告を生徒1名と教務主任確認。
15：00少し前	教務主任が残留児童の確認を終える。スクールバス待機し避難を進言するも指示は待機。
	教務主任は山への避難を提案するが、怪我をしたら「責任をとれるのか」の意見が支配的。
	教頭も山への避難を考えたが強く言えず。保護者への児童引き渡しを開始。
	教務主任が体育館を確認し、住民からの問いには使えないと伝える。住民は交流会館へ。
	教務主任が校長や市教委への電話を試み、避難所特設電話の設置を試みるため体育館へ。
	保護者がラジオ情報に基づき「山に逃げて」と進言。教諭は「お母さん落ち着いて」と応対。
15：10～15：15ごろ	河北消防署の消防車が広報しつつ釜谷地区内を長面方面へ。
	避難せよとの会社の連絡に対し、バス運転士は無線で「学校の判断が得られない」と回答。
15：14	津波高10mの大津波に内容変更（TVのみ）。子供や一部教師は山への避難を強く訴えた。
	教職員ら児童の服などを持ち出すため校舎内へ入る。
15：20ごろ	保護者への引き渡し担当を外れた教職員が、カマドと薪を運び焚き火の準備。
15：21	予想津波高10mとのラジオ情報や保護者情報があり、津波襲来が現実味を帯びてきた。
	区長など住民は経験に基づき山への避難には反対で、三角地帯への避難を強く主張した。
	生き残った児童によると、山への避難を主張した教頭と区長ら住民の間で言い争い起きる。
	支所職員が谷地中付近で、長面の松林を越える津波を目撃してUターン。
	スクールバスがバックで校地内に入る。運転手は素早い避難を促したものと考えられる。
	教務主任「山に逃げますか」と尋ねたが、返答・指示がないため校舎2階を確認に行く。
15：25～15：30ごろ	河北総合支所の公用車が長面方面から新北上大橋方面へ戻りつつ広報を続けた。
	広報内容は「松原を越えて津波が来襲、高台に逃げよ」で、児童・教諭らは避難を決定。
	児童引き取り保護者らが新北上大橋を通行、橋の下に白波、下流部に高い波を目撃。
	新町裏付近の富士川堤防から津波越流。
15：32	予想される津波の高さ10mをAMラジオが放送。
	新北上大橋下流部付近から津波越流。
	間垣堤防で津波越流。
15：33～15：34ごろ	川から水が溢れ出し側溝から水が吹き出たころ、教頭指示で児童ら三角地帯へ避難開始。
	地区のお年寄りは避難所に指定されていた裏山そばにある釜谷交流会館に避難した。
	児童ら県道付近で津波に遭遇し山へ向かう。校庭からの移動距離180m、移動時間1分。
	教務主任は校庭に戻り避難児童の列を追うが、その先に大波が見えたので山に登り避難。
	新北上大橋付近の越流が三角地帯を覆う。
15：37ごろ	陸上遡上津波が大川小学校に到達。

ら離れたその他では 45％ 程度にとどまっていた．すなわち河川津波の可能性もある北上川沿いにあるとはいえ，長面地区などに比べ海から少し離れた釜谷の住民の間では津波の襲来があまり現実視されていなかったのが実情のようである．

では大川小学校の教職員の間ではどうであったのだろうか？ 当時の同小学校の教員であり生存しているのは校長と教務主任の 2 名のみなので，同小に勤務した経験のある教員 27 名から津波に関してアンケートをとっている．職員会議などで津波について話題にしたり話し合ったりしたことがあるかとの問いに対し，20 名はないと答え，5 名は話題にはなったが具体的な話は出なかったとの回答であった．さらに 1995〜2010 年の期間内に実施された避難訓練に関する調査によると，訓練は年に 2〜3 回行われていたが，内容は火災想定，地震想定や不審者対応の訓練であり，津波を想定した避難や児童引き渡しの訓練は行われたことがなかった．これらのことから，教員の間でも震災前，津波について議論はされず，関心もあまり高くなかったことが推定される．

しかし震災当時の教員のなかには学校防災や安全に関する研修会などに参加した者（教頭，教務主任），さらに過去，他校で津波防災対策に取り組んだ経験を有する者（教務主任）もいた．2010 年に教頭や教務主任も参加して行われた石巻市の教員研修会では，地震および津波に対する安全確保の諸施策を講じるよう指導された．そのなかでは津波が川を遡上する事実やその危険性，避難の重要性，事前に対策を講じることの必要性など，津波防災に関する基本的なことが説明されている．しかし 13 名の全教員のうち勤続年数 2 年未満の者が 8 名を占める同小学校であるにもかかわらず，それらの知識や経験が皆の間で議論され共有されることはなく，具体的な避難場所について議論して決めることもなかった．これらのことから，当時の学校には科学リテラシーの欠落が感じられるが，学校にいた 11 名の教員のうち教頭と教務主任の 2 名は平均的な教員に比べ津波災害に対する知識と対応の能力を有していたものと思われる．

では 3.11 津波により被災した石巻市内のその他の小学校ではどういう状況であったのだろうか？ 津波によって大きく浸水した小学校としては，北上川を挟んだ対岸の北上町十三浜に相川小学校，同じく十三浜の吉浜小学校（図

1.16)，大谷川浜の谷川小学校や門脇町の門脇小学校など17校がある。これらのうち，震災によって大破した相川小学校，谷川小学校や門脇小学校では，親の元に返された生徒は除き，学校管理下にあった生徒から犠牲者を出すことはなかった。これら3例で犠牲者を出さなかった理由についてはいくつか考えられるが，共通しているのは事前に高さのある避難場所を定め，発災時，そこが十分でないと判断した場合，高さとルートの点でより安全な場所に即断で移動したことである。

　相川小学校については，震災時の大川小学校の教務主任がかつて勤務しており，理科を担当すると同時に津波防災対策に取り組んでいた。同小の3階建て建物の屋上は津波避難所に指定されていたが，同教務主任はそれでは不十分だと考え，津波のときには裏山に避難するようマニュアルを書き換えていた。地元住民の目撃によると，地震後，生徒たちは屋上には行かず，すぐさまバラバラに走って裏山に避難したとのことである。そのため相川小学校は津波が屋上にまで達し"校舎水没"の被害であったが，全員無事であった。これには大川小教務主任の努力が功を奏したことは疑いない。

　これらの比較からわかるように，大川小学校の例は，学校の管理下にありながら子どもが犠牲になった事件としては，石巻市はもとより他市町村にも例を見ない最悪の惨事であった。そのため大川小学校の父兄たちは，"地震後，津波が来るまで50分もの時間があり，すぐ側に有効な高台もありながら，なぜ自分たちの子どもが死ななければならなかったのか"という疑問を石巻市教育委員会，石巻市や宮城県に問いかけてきた。この疑問に対して当初市教委が事故の検証作業を進めようとしたが，作業内容に納得が得られず，宮城県や文部科学省と協力して第三者検証委員会を設置し調査検討にあたらせた（大川小学校事故検証委員会，2014）。

　しかし父兄たち遺族側は，検証委員会の検討結果などにも納得できないとして，事件の真相究明と損害賠償を求め，石巻市や宮城県を相手取り仙台地裁に提訴した。2016年10月に下された地裁判決では，遺族側の訴えのうち「津波の予見可能性」の問題については，"津波襲来の約7分前には高台避難を呼びかける市の広報車が校舎前を通り，教員らは大津波襲来を予見できた。しかし

より高い裏山への避難を怠り生徒たちを死なせた"と，津波襲来直前の教員らの判断ミスが過失と認定された．その後，遺族側および市・県側は共に高裁に控訴した．高裁では予見可能性と同時に，災害対応マニュアルの整備を含め学校，市や県の事前の防災体制が適切であったかどうかが争点となった．2018 年 4 月に出された高裁判決では，事前に予見するべき津波は 2011 年の東北地方太平洋沖地震によるものではなく，2004 年に公表された宮城県沖地震（連動型）によるものであるとした．この地震や津波によっても北上川堤防は破壊され，わずか 200 m ほどしか離れていない大川小学校が浸水する危険性が予想されることは明らかであるとした．このようなことを事前に十分に検討し，災害対応マニュアルも三次避難所を含め整備しておけば今回の津波についても対応できたとし，学校や市の震災前の対応の不備が過失に当たると判断した．遺族側の全面的勝利であった．このように，前例がなくても，事前に危険性が合理的に判断される場合，石巻市日和幼稚園の園児バス被災事件の場合（1.8 節参照）と同じく，危惧感説（古川・船山，2015）に沿った判決が下されるようになってきているものと思われる．しかし今度は被告側の石巻市が納得せず，宮城県ともども 2018 年 8 月時点で最高裁に控訴している．

◆災害遺産は何を語っているのか

"大川小学校の悲劇"における大きな問題の一つは避難場所選定の失敗である．そこで，ここでは津波襲来に際して選ぶべき避難場所（三次避難）の問題を最初に取り上げよう．大川小学校に関係して震災以前から裁判のなかを含め検討対象となった避難場所は"大川小学校""近隣の空き地・公園等""裏山""三角地帯"そして"バットの森"の計 5 か所である（図 1.18）．このうち"大川小学校"は宮城県による 2004 年 3 月のハザードマップに載せられた津波の際の指定避難所であり，緊急の際の一時避難ばかりでなく一定期間の滞在も念頭に置かれていた．震災以前，大川小学校における津波を含めた地震災害対応マニュアルには，"近隣の空き地・公園等"に避難することと記されていた．具体的な近隣の場所としては隣の釜谷交流会館駐車場や児童公園がイメージされ

ていたらしいが明瞭でなく，住民は交流会館に避難し，かえって多くの犠牲者を出す原因となった。津波も含めた防災の視点で選定されたはずの"大川小学校"と"近隣の空き地・公園等"の2か所ではあるが，図1.18にも示すように川に近い海抜0m地帯にあり，小学校は2階建てで高さもなく，津波避難の場所としてはもともと適切とは言い難いことは明らかであった。

　ついで"裏山"を見てみよう。図1.18に示すとおり，裏山で避難に関連して検討されたのは斜面A，B，Cの3か所であった。上図の衛星写真では斜面の状況は樹木によって覆われまったく不明である。しかし下図の赤色立体地図（千葉，2011）では，レーザー測量によるDEMを用いているので，樹木を剥いだ地面の状況そのものが示されており，赤色の濃淡分布などから地形勾配や凹凸を直感的に読み取ることができる。この図から斜面AとCは，北側の入り口付近はほぼ平坦で，南へ行くに従い徐々に勾配が増す谷地形であり，谷沿いに50mも行くと標高30m程度の安全な地点にまで容易に到達できることがわかる。東日本大震災におけるこの周辺での津波の到達標高は約10mであった。以前，実際に生徒たちは椎茸栽培の山として毎年3月に斜面Cを利用しており，高齢者も登っていた。

　斜面Bは以前崖崩れがあったため擁壁工事が施されており，やや急勾配になっているが，事件の数か月前には授業のなかで生徒たちは登っていた。また震災時の校庭における話し合いでは，地震による倒木の危険性が問題になった。しかし四方八方に根の張った樹木が崖崩れもなく地震のみで倒れると想定するのは，現に来ている津波の危険性に比べればはるかに危険性は低いものと思われる。実際に震災後の調査ではそのような倒木は見いだされていない。このようなことから，工事を終えた斜面B付近における落石の可能性には注意が必要であるが，ここを除いたAやCなどの斜面については津波からの避難において問題がないことはわかる。

　同様に考えると，図1.18に示すように，小学校から山裾沿いに東へ行くと，約1000mの間にA，C，観音寺やDと記された8か所の谷地形が認められる。いずれもCと同じく短時間で，子どもや高齢者であっても迫りくる津波の高さに応じてより高所へ連続して避難することが可能な地形である。このような地

形が 100 m 強おきに点在しているため，山裾沿いに東への避難は海や川から離れるばかりでなく，津波の到達状況に応じて容易に谷地形に逃げ込め，安全な高さも確保できるため，より優れた避難ルートである。

それに対して"三角地帯"は川に接し，標高が

図 1.19　斜面 D における谷地形と山道

6～7 m しかなく，背後の崖は急勾配で登攀が難しく，いったん津波が来ると孤立してしまいそれ以上の避難が困難になることは明らかであった。一方，高裁判決で推奨された"バットの森"は，避難ルート距離が約 800 m と長く，その間，速度の早い（この近くでは時速約 40 km で，陸地を移動する津波の速度の約 1.5 倍の速さ（NHK，2018））河川津波が遡上する北上川，富士川とその支流沿いに移動しなければならない。しかも三角地帯から間垣に至る北上川右岸の湾曲部は，遡上する津波の流れから見たとき攻撃斜面に相当しており，勢いのある水流が集中するので越流したり堤防を破壊しやすくなっている。また橋などでいったん堰き止め箇所が生じると，そこに次々と破壊された家屋や流木が集積し，これも堤防の破壊につながりやすい。

事実，東日本大震災のとき，図 1.18 の地点 y や z の北上川の堤防では津波による決壊が発生し，x 付近には堤防を乗り越えた津波による浸食の跡が何か所も残されている。また間垣地区の w から西方向約 600 m にわたって堤防は地震により沈下したのか 2 m ほど低くなっており，バットの森へのルート沿いを含め，大規模な津波の浸入を招いていた。このような河川堤防の決壊や越流による津波浸入の可能性は，もともと高裁判決で注意を呼びかけた"津波の予見可能性"の核心部の考えである。しかもルートの山側は急勾配で，そちらに逃げることは困難である。高裁判決では警報直後の早い段階でバットの森に

避難を開始していれば問題はないとしているが，そもそもそれが可能ならばバス利用を行うなど他にも良い解決策があったのではないだろうか。やはり時間と安全性を考えるなら，緊急避難場所としてはCを含めた小学校の裏山一帯（図1.18のA〜D）がベストであったように思われる。また，このようなことを理解し，今後活かすためには，事前に精密な地形図を用いて生徒と共に避難場所の候補地を探し，実際に現地へ行って問題点などを確認しておくのが望ましかった。地形図の判読は小学校や中学校の生徒にとってはやや難しいが，図1.18に記した標高段彩図を事前に準備して利用できるなら，地形の凹凸などが直感的に理解できるため，小学生でも自分たちで避難場所とルートの検討ができるようになるであろう。今後は生活科などで現地見学を含めて実践してみてはどうであろうか。

　次に今回の事件ではなぜこれだけ多数の生徒の犠牲者が出たのか考えてみよう。直接的な原因は裁判などのなかでも明らかにされており，第一は，避難開始時刻が津波到達時刻の約1分前と極めて遅かったことである。逆に言うと地震発生から津波が来るまでの約50分の間，どのような時間の使われかたがされていたのかという疑問が生じる。第二は，避難場所として裏山のほうがより適切であると学校側責任者である教頭や教務主任は考えながら，なぜ高さが十分でない三角地帯に避難することになったのかという疑問がある。

　約50分の時間は表1.1に示すように，主として避難先を巡る教員間や区長を代表とする地元住民との話し合い，情報収集，子どもの引き渡しを含めた父兄への応対，津波対応への校内確認や避難所として使用するための焚き火準備などに使われていた。しかし原因を知るために重要なのは，教員間，そして区長を代表とする地元住民との話し合いであろう。

　震災以前に関係する人々の間で津波避難について十分な協議が行われ，場所とルートなど避難についての合理的な共通理解が得られていたのなら，即座にそれを実施することで悲劇は生じなかったはずである。しかし実際には地元住民との間ばかりでなく，教員間でさえ実施されていなかった。この震災時の話し合いでも教頭などのリーダーシップが不十分で，方針も方向性も不明瞭なまま時間だけが過ぎ去っていったらしい。そのため時間が遅れた第一の理由は，

事前協議がほとんど行われていなかったためと言えるであろう．住民は津波の際の避難所として学校が指定されていたために集まっており，意識としては学校に着いた時点で津波からの避難は完了したと考えていたのではないだろうか．

校長が不在だったので，この場における生徒避難についての責任者は教頭であり，次に教務主任である．しかもこの2人は震災前年の2010年に地震や津波に関する研修を受けたことがあり，さらに教務主任は理科教員であり他校で津波防災対策を行った経験も有している．したがってこの2人は地震や津波についての科学知識や対応方法に関して，地元住民はもとより他の教員に比べてもより高い能力と経験を有していたものと考えてよいであろう．すなわちこの場において必要とされる科学リテラシーを有する数少ない人たちであり，職制から言ってもリーダーシップが求められていた2人である．

表1.1にも示されているように教頭と教務主任の2人，とりわけ教務主任はかなり早い段階から裏山への避難を訴え続けていた．教頭も裏山への避難が良いと思いながら，他の教員からは"山への避難で怪我人が出た場合，責任がとれるのか"との指摘が出て，裏山への避難は主張しづらくなっていったらしい．この間，予想津波の高さは10mに引き上げられ，生徒や父兄の一部からは裏山への避難を強く求める声も届けられてはいたが，事態は動かなかった．このころから釜谷地区の区長を中心とする年配の住民との話し合いが始まり，"いままで津波が来たことがなく，裏山への避難は高齢者にとって厳しいので反対である"との趣旨の意見が出され，教頭との間で言い争いになったらしい．区長は地元住民，とくに高齢者の心配をしていたようであり，また立場上，少なくとも道義的にはその責任があったのではないだろうか．それに対して教頭は，生徒の安全を第一に考える法的・道義的責任があった．具体的に命を守る避難場所を決定するという重要な局面で，言わば"二重権力構造"が生まれ，両者の意見に重大な食い違いが生じてしまったのである．

河北総合支所による津波が来たとの広報や保護者による津波の目撃があって，初めて事態は三次避難へと動き出した．しかし避難先は教頭の主張する裏山ではなく，区長の主張する三角地帯になり，数多くの犠牲者を出すことに

なった。最終的な避難先決定の際，生き残った唯一の教員である教務主任は校舎に入り不在であったらしい。またその場にいた他の教員や住民たち，そして生徒たちのほとんどが亡くなっているため，決定の際の具体的経緯は不明である。

　このことに関連して，地裁判決では「被告ら（石巻市や宮城県）は，児童と高齢者を含む集団で斜面を登ることの困難をいうが，地域住民は原則として自らの責任の下に避難の要否や方法を判断すべきものであり，教員は同住民に対する責任を負わないのに対し，児童は，これらの点を全面的に教員の判断に委ねざるを得ないことからすれば，校庭からの避難行動に当たっても，教員としては児童らの安全を最優先に考えるべきものであって，地域住民の中に高齢者がいることは，児童らについての結果回避可能性を左右しないものというべきである」としている。しかし三角地帯への避難がなぜ決まってしまったのかはやはり不明である。昔からの地域の慣習によって教頭はなかば強引に区長に説き伏せられたと考えることも不可能ではないが，ここでは話し合いのなかで教頭は区長の意見に同調していったと考えたい。なお学校に避難してきた住民は，区長らの案内でほぼ同一敷地内の交流会館に再避難して，区長を含めそのほとんどが犠牲になってしまった。

　以上の過程を踏まえて，教頭が区長の三角地帯への避難に同調していった結果を考えてみると，次のようなことが言える。

① 区長と教頭の間に，避難行動を巡って"言い争い"があったということから，教頭もはじめは科学リテラシーに基づいて「裏山への避難」を主張し，一方，区長らは「裏山避難への反対と三角地帯への避難」を主張していた。区長らは，この地域に長年住み，歴史も自然も知り尽くしていると過信していた，弱者である高齢者ら住民の安全を第一に考えており，さらに科学リテラシーは乏しかったのではないか。これらのことから，教頭たちの考えを理解することもなく，自分たちの考えを主張し続けたのであろう。他方，教頭は教務主任の助言もあり，かつて学習した科学リテラシーに沿って「裏山避難」を主張した。

② しかし，教頭は区長らと議論する過程で最終的に同調行動を示した。つまり，教頭は，科学リテラシーを学んだことはあっても，それを十分に理解していたとはいえず，根底には，歴史的経験と行政の方針からくる区長らと共有する考えかたも持っていたのではないだろうか。
③ つまり，教頭にとっては「三角地帯への避難」も「裏山への避難」もどちらも確実な正解とは思えず，区長をはじめとする住民との話し合いを通して，最終的に，「三角地帯への避難」がもっともらしい正解に思え同調していった。「子どもが怪我をしたら責任をとれるのか」など教員からの反対意見も出され，教員が一つにまとまって「裏山避難」を主張できなかったことも，同調の大きな原因なのではないだろうか。教頭にとって，科学的な思考をできるはずの仲間としての教員の一部にほころびができたことも，リテラシーに基づく主張の力が弱まった原因と考えられる。
④ 職員会議などで津波についてほとんど議論が行われておらず，せっかく教員研修や自らの体験で得た貴重な知識や経験も教員間で共有・生かされることなく経緯してきたことが，いざ必要という場面で深刻な悲劇を生むことになった。大川小学校において日頃から校長や教頭をリーダーに教員間でスクラムを組み，科学リテラシー向上に取り組んでいたら，このような悲劇は防げていたのではないだろうか。

最後に表立って問題視されていることではないが，大川小学校を含む"釜谷地区の悲劇"についても述べておく。東日本大震災の被災結果をまとめた国土交通省（2011）によると，釜谷地区も入る石巻市牡鹿半島以北で釜谷と同じ浸水深（9～10m）の地域における平均死亡率は約 5.8% であり，以南における平均死亡率は約 6.7% であった。一般的に予想されるのとは逆で，同じ浸水深の場合，リアス海岸が卓越する半島以北の地域のほうが，海岸平野が卓越する半島以南の地域より平均死亡率が低くなる傾向がある。これはリアス海岸のほうが避難に有利な高台がより近くにあるからとして説明されているが，リアス海岸地域のほうが古くから津波を経験し，避難訓練がなされていたという事実

も関係しているのであろう。

　国土交通省の調査と同じ 2010 年度の人口統計を使用した谷（2012）の報告によると，釜谷地区における死亡率は 37.6％ で，国土交通省による先の平均値（5.8％）を大きく上回っていた。それどころか震災当時釜谷地区に実際にいた住民ら 209 名（大川小在籍児童と教職員は含まない）のうち 175 名が津波の犠牲となっており，それを基にすると死亡率は実に 84％ に達していた。分母と分子になる人数の数えかたによって死亡率は大きく変化するので単純な比較はできないが，釜谷地区は東日本大震災のなかでもその死亡率が異常に高い地域であるという事実は指摘しておいてもよいであろう。谷（2012）による町・大字毎の報告を基にすると，岩手・宮城・福島の東北被災 3 県のなかでも釜谷地区が最も死亡率の高い地区であった。すなわち，大川小学校だけでなく釜谷地区全体でも異常なほどの犠牲者を出しており，大川小学校の悲劇に注目しているだけでは問題の本質を見誤るかもしれない。

　自然災害による被害は，歴史的経験から学ぶことも多いが，歴史的経験を超えた規模やメカニズムで発生することもある。大きな被害を予測し，減災を手助けしてくれるのは，科学リテラシーの力であるから，科学リテラシー向上を重視する必要がある。そのため学校教育ばかりでなく，一般住民を対象にした社会教育における重要性も十分に考えておく必要がある。内容としては単なる避難訓練だけでなく，地震，津波，地域の歴史や地形などの科学的知識と思考方法を学習し，必要とされる場面でそれらの知識や思考を基に直面する問題を合理的に解決する能力を養成することである。すなわち科学リテラシーの向上が初中等教育学校ばかりでなく地区全体でも重要であることが示されているように思える。もちろん道は険しいが，できることからでも始め，一歩一歩進めていくしか本質的に悲劇を繰り返さない方法はないのではないだろうか。

謝辞　「小さな命の意味を考える会」代表の佐藤敏郎氏には事件における事実経緯に関するご意見を，また，諏訪東京理科大学の田中佑子元教授には社会心理学的側面に関するご意見をいただきました。両氏に感謝いたします。

〈文献〉

千葉達朗（2011）活火山 活断層 赤色立体地図でみる日本の凸凹，技術評論社，144p.

小さな命の意味を考える（2015）小さな命の意味を考える会，一般社団法人 Smart Survival Project，64p.

小さな命の意味を考える会（2017）第 1 回勉強会，http://311chiisanainochi.org/?page_id=2596.

古川元晴・船山泰範（2015）福島原発，裁かれないでいいのか，朝日新書，195p.

芳賀繁（2012）事故がなくならない理由　安全対策の落とし穴，PHP 新書，218p.

広瀬弘忠（2004）人はなぜ逃げおくれるのか―災害の心理学，集英社新書，238p.

池上正樹・加藤順子（2012）あのとき、大川小学校で何が起きたのか，青志社，317p.

池上正樹・加藤順子（2014）石巻市立大川小学校「事故検証委員会」を検証する，ポプラ社，271p.

河北新報（2018）止まった刻　検証・大川小事故，連載 1～連載 49，河北新報社．

国土交通省（2011）東日本大震災の津波被災現況調査結果（第 2 次報告），http://www.mlit.go.jp/common/000168249.pdf.

南三陸海岸ジオパーク準備委員会（2016）南三陸・仙台湾地域のジオツアーガイド，東北大学東北アジア研究センター，202p.

宮城県（1903）宮城県海嘯誌，宮城県，428p.

NHK スペシャル（2014）東日本大震災　悲劇をくり返さないために～大川小学校・遺族たちの 3 年 8 か月～，2014 年 12 月 1 日．

NHK スペシャル（2018）河川津波～震災 7 年　知られざる脅威～，2018 年 3 月 4 日．

大川小学校事故検証委員会（2014）大川小学校事故検証報告書，大川小学校事故検証委員会事務局，233p.

Parry R.L.（2018）津波の霊たち　3.11 死と生の物語，濱野大道訳，早川書房，328p.

澤井祐紀他 6 名（2006）仙台平野の堆積物に記録された歴史時代の巨大津波―1611 年慶長津波と 869 年貞観津波の浸水域―，地質ニュース 624，36–41.

仙台地方裁判所（2016）仙台地裁　平成 28 年 10 月 26 日判決，平成 26（ワ）301，http://www.courts.go.jp/app/files/hanrei_jp/266/086266_hanrei.pdf.

仙台高等裁判所（2018）仙台高裁　平成 30 年 4 月 26 日判決，平成 28（ネ）381，http://www.courts.go.jp/app/files/hanrei_jp/735/087735_hanrei.pdf

谷謙二（2012）小地域別にみた東日本大震災被災地における死亡者および死亡率の分布，埼玉大学教育学部地理学研究報告，32，1–26.

津波研究小委員会（2009）津波から生き残る，丸善出版，176p.

1.6　石巻市鮫浦地区（鮫浦湾）　　　　　　　　　　　　　　　菅原大助

【見学と学習の主題】

　三陸沿岸で最大規模の引き波にみる津波のダイナミクス

【災害遺産（所在地住所，緯度経度）】

鮫浦湾（石巻市鮫浦地先，38°22′27.30″N，141°29′22.77″E）
【交通】
車以外の交通手段はなし

◆鮫浦湾の概要

　鮫浦湾は，牡鹿半島の南部に位置し，幅はおよそ1km，奥行き4kmの大きさを持つ（図1.20）。湾口の水深は40m以上，中央部でも30mを超える。海岸線はほとんど岩礁からなるが，湾奥には砂浜を持つ谷川・大谷川と，砂浜を持たない鮫浦の3つの谷筋が入り込んでいる。砂浜の幅は数十m程度で，谷底の平地は狭く，谷奥に向かって標高が上がっていく。

　鮫浦湾は，三陸海岸の他の湾と同様に，カキ，ワカメ，ホヤ，ホタテの養殖が盛んである。とくにホヤの養殖では日本一の生産高であるという。2011（平成23）年の東北地方太平洋沖地震（東北沖地震）の津波で壊滅的な被害を受けたが，2011年6月の調査では，湾内の各所に天然ホヤが残っていることが確認されている。大きな被害にもかかわらず，ホヤの養殖再開は早かった。筆者は津波堆積物調査のため2013年3月と5月に現地を訪れ，地元の漁師に津波当時の状況について聞き取りを行った。その際，震災後初という水揚げしたばかりのおいしいホヤを振る舞っていただいたことを覚えている。

　鮫浦湾には，湾奥の3つの浜のそれぞれと，湾口の前網，寄磯に集落がある。湾奥の谷底低地に田畑を持つ谷川，大谷川，鮫浦は半農半漁の集落，岩礁海岸に張り付くように立地する前網と寄磯は漁村である。谷川浜の東にも小規模の集落（祝浜）があったが，東北沖地震の津波で流出した後は全戸が高台に移転したため，跡地を三陸復興国立公園の一部に編入する議論が進められている。

　三陸沿岸南部のリアス海岸に位置する鮫浦は，過去の津波で度々被害を受けてきた。1896（明治29）年の三陸地震による津波の高さは最大で約5m，1933（昭和8）年の昭和三陸地震による津波の高さは約7mであったと記録されている。明治・昭和の三陸津波で被害を受けた集落では，当時の政府が浸水区域内での建築を禁止するとともに，高台に住居を移す動きがあった。

図 1.20　鮫浦湾の地形

青色：-1m，水色：+1m，黄色：+3m，赤色（赤色立体地図）：+5m 以上，水色のラインは東日本大震災の津波浸水域を示す。白色のラインは等深線で，数値は水深（m）を示す。

◆鮫浦地区の出来事

　東北沖地震の津波は，以前の 2 つをはるかに上回る高さとなった。海岸線付近では約 25 m，谷奥で 26 m を記録し，明治・昭和の三陸津波の浸水域の外まで軽々と飲み込んだ。湾内の集落の家々はほとんどが流失し，残ったものはごくわずかであった。被災後は，防潮堤や漁港の整備とともに，高台移転により集落を再建するため，谷の地形が変わるほどの大規模な造成が各所で行われている。

　山口弥一郎の『津浪と村』には，鮫浦について「海岸に熊野，神明神社の小丘が突出て，小さいが良い船斎場があり，耕地も少々廣い。この小丘の接続部は高さ 10 m 程の鞍部になつてをり，古くは津浪が越したと傳へてゐる。然し明治 29 年にも，昭和 8 年にも實は越すまでに至らなかつた」との記述がある。鮫浦の小さな入り江の西側にある岩礁がその小丘で，鞍部には道路が通ってい

る。東北沖津波はこの鞍部を飲み込んだので，言い伝えにあるとおり，明治三陸津波以前の出来事が再び起こったことになる。

2013年5月に，鮫浦地区の地元漁師に東北沖地震と津波の状況の聞き取り調査を行ったところ，次のような極めて興味深い証言が得られた。

- ほぼ同じ高さの津波に2回襲われた
- 第1波は普通の色をした海水，第2波は黒い色をした海水であった
- 第1波の後，湾のなかほどまで海水が引いた

津波が引くと，湾奥の3つの集落はいずれも大量の砂で埋まり，砂漠のような有様となった（図1.21）。堆積した砂の厚さは1 mを超えたようである。大量の土砂は道路復旧の障害となったため，船で運び出して湾内に投棄したという。仙台平野の津波堆積物の厚さは海岸付近で30 cmほど，内陸部まで含めて平均すると数cmであったので，鮫浦湾に堆積した砂は異常な厚さである。

図1.21 津波後の鮫浦
宮城県石巻市提供，2011年3月20日撮影。

◆災害遺産は何を語っているのか

　砂はどこからどのようにして運ばれてきたのだろうか？　仙台湾沿岸の平野に堆積した津波堆積物は，主に砂浜から運ばれてきたもので，海底の泥や砂はほとんど含まれていないことを示すデータが報告されている（Szczuciński et al., 2012）。仙台平野の砂浜は近年の海岸侵食で痩せてきているところもあったが，幅は 100 m ほどに達する。砂地の海岸林を含めれば，津波堆積物の供給源は広く分布していると考えられる。東北沖津波の以前，鮫浦湾奥の海岸には自然の砂浜が見られたが，幅は数十 m で，ここから砂が運ばれたとしても，3 つの集落を 1 m の厚さで埋めるには量がまったく足りない。しかも，入り江の奥にある鮫浦地区には，元々砂浜はなかった。

　津波で打ち上げられた砂には，大量の貝殻片が含まれていた。鮫浦湾において元々貝殻が大量に存在するのは海域であり，湾内に生息する貝類の他，養殖に使われた貝殻が砕けたものが堆積していると考えられる。集落を埋めた砂は，津波によって海底から打ち上げられたと推定される。

　第 1 波の後の引き波では，湾の中央まで海水が引いたとの証言から，海面は通常時よりも 30 m ほど低下したとみられる。三陸海岸の津波は他の地域と比べて引き波が強いのが大きな特徴といわれる。三陸では湾奥が狭くなる地形が多く，海水は谷沿いに高所まで遡上して位置エネルギーが大きくなるため，引き波では極めて強い流れが生じる。このため，各地において建物の大規模な流出や船舶の漂流，多くの行方不明者など，甚大な人的・物的被害が生じている。全般的に引き波が強い三陸海岸であるが，鮫浦湾の潮位低下はそのなかでも群を抜く規模であった可能性が高く，第 1 波の最高水位から引き波の最低水位までの落差は 50〜60 m に達したと推定される。

　流れの速さ（水粒子の運動速度）が波の伝播速度を上回る流れを射流という。一方，流速が伝播速度よりも小さい流れを常流という。引き波は重力によって陸上〜海底の斜面を加速しながら流れ下り，射流となる。この流れは，土砂を動かし水中に巻き上げる力（掃流力）が極めて大きい。津波の半周期にわたる引き波の間，海底の土砂は沖合に向かって大量に運ばれ続ける。鮫浦湾の北隣

にある女川湾の奥では，津波の半周期は約 20 分であった．湾の大きさと形状から判断すると，鮫浦湾での津波の周期は女川湾よりもやや短かったと推定される．

　津波の第 1 波が引くとき，鮫浦湾では海岸線から沖合方向に 1.5 km 付近まで海底面が露出すると同時に，海底の土砂が沖合に運ばれ，海水中に浮遊していたと考えられる．このタイミングで津波の第 2 波が鮫浦湾へ入ってくると，土砂は岸方向に押し返される．したがって，第 2 波は第 1 波の引

図 1.22　鮫浦地区の山林に堆積した海砂
写真手前，スコップと折り尺の周りに灰色の砂が堆積している。2013 年 5 月 8 日撮影。

き波が巻き上げた土砂を大量に含んだ状態で，陸に押し寄せてくる．これによって，鮫浦湾の第 2 波は黒い海水として目撃されたのであろう．第 2 波も第 1 波と同じ高さであったので，砂を含むことのできる海水の容積は膨大であった．海底の砂は，平地を埋めるだけでなく，標高の非常に大きいところまで運ばれており，貝殻を含む海砂は標高 20 m を越える山の斜面でも見つかった．三陸沿岸での津波の挙動は，仙台湾など他の地域と比べて複雑になるケースが多いが，東北沖地震による鮫浦湾での津波の押し引きの規模と土砂移動は特筆すべきものである．同じメカニズムの地震・津波が過去に起こっていれば，海砂が鮫浦湾の陸上のどこかに堆積し，痕跡となって残されているだろう．

〈文献〉

Szczuciński, W., Kokociński, M., Rzeszewski, M., Chagué-Goff, C., Cachão, M., Goto, K. and Sugawara, D.（2012）Sediment sources and sedimentation processes of 2011 Tohoku-oki tsunami deposits on the Sendai Plain, Japan ―Insights from diatoms, nannoliths and grain size distribution, Sediment. Geol., 282, 40–56.

越村俊一・郷右近英臣（2011）東北地方を襲った津波の流況と建物被害，http://www.tsunami.civil.tohoku.ac.jp/hokusai3/J/millennium_tsunami/repository/meeting_20110617/koshimura.pdf.

明治大学 建築史・建築論研究室（2011）三陸海岸の集落　災害と再生：1896，1933，1960，http://d.hatena.ne.jp/meiji-kenchikushi/21001101/p1.

環境省（2018）中央環境審議会自然環境部会自然公園等小委員会（第 35 回）議事録，https://www.env.go.jp/council/12nature/35_4.html.

1.7　石巻市鮎川地区（金華山瀬戸）　　　　　菅原大助

【見学と学習の主題】

　津波と海割れの伝説

【災害遺産（所在地住所，緯度経度）】

　金華山瀬戸（石巻市鮎川地先，38°18′12.1″N，141°32′36.9″E）

【交通】

　なし（船）

◆金華山瀬戸の概要

　金華山は牡鹿半島南端の沖合にある最高標高 445 m の島である。鹿が多数生息することで知られ，神の使いとして保護されている。鹿は木を食い荒らすために植生が大きなダメージを受けており，森林の保全と鹿の保護の両立に苦しんでいる。

　金華山と牡鹿半島との間は浅い海＝金華山瀬戸となっており，最も狭くなっている部分では幅 700 m，水深 10 m ほどである。金華山瀬戸はここから南北の両方向に深くなる，馬の背のような形状の海底となっている。金華山は白亜紀の花崗岩や変成岩からなるが，対岸の牡鹿半島はジュラ紀の海成堆積岩が主体であることから，金華山瀬戸には地質構造を区切る断層が存在すると考えられている。なお，金華山瀬戸の海底地形と推定断層の関係は明らかでない。

　この地域は，2011 年東北地方太平洋沖地震の震源域に最も近い。鮎川の電子基準点では，地震時の地殻変動として 114 cm の沈降が観測された。これは，

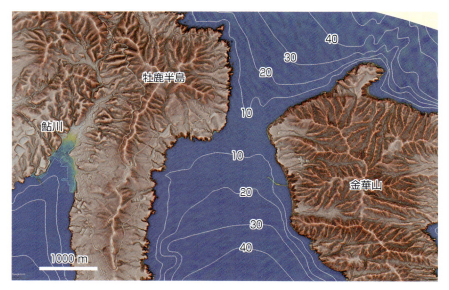

図 1.23　金華山瀬戸の地形

青色：−1m，水色：+1m，黄色：+3m，赤色（赤色立体地図）：+5m 以上，水色のラインは東日本大震災の津波浸水域を示す。白色のラインは等深線で，数値は水深（m）を示す。

陸上の観測点のなかで最大の沈降量である。地震後は余効滑りによる隆起が続いており，鮫浦湾の寄磯や女川湾の女川では 2018 年 3 月時点で 50 cm 以上も回復している。この隆起傾向は今後数十年続くものと考えられている。地震・津波被災地の港湾施設の復旧では，地震で地盤沈下した高さを基準に設計がなされたため，余効滑りによる隆起は施設の利用に支障をきたしているという。

◆ 海底地形と津波の挙動が起こした海割れ

東北地方太平洋沿岸には，全国港湾海洋波浪情報網（NOWPHAS：Nationwide Ocean Wave information network for Ports and HArbourS）の GPS 波浪計が各所に設置されており，東北沖津波の発生メカニズムや伝播過程を知るための貴重なデータを記録している。

図 1.24 は金華山から東南東に約 10 km の水深 144 m 地点（宮城中部沖）の津

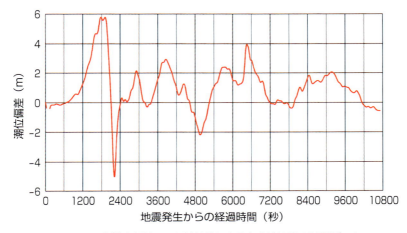

図 1.24　宮城中部沖 GPS 波浪計による東北沖津波の波形データ

波波形データである。地震後 30 分（1800 秒）から 40 分（2400 秒）のわずか 10 分間に，高低差 10 m を超える潮位変動が記録されていることが大きな特徴である。

　記録は，地震後 10 分（600 秒）からしだいに水位が上昇し，地震後 30 分（1800 秒）で最高水位（潮位偏差 +6 m）に達したことを示している。金華山から津波を目撃した人のレポートによれば，第 1 波では徐々に水位が増していったとのことであり，沖合での津波波形と整合している。

　その後，地震発生から 32 分（1900 秒）ほど経過したところで急速な水位の低下が始まり，同 37 分（2200 秒）後には最低水位（潮位偏差 −5 m）まで低下している。この水位は，GPS 波浪計で観測されたデータのうち最も低い。金華山からの観察では，津波が引き始めてから 4 分ほどで最低潮位に達し，その 2 分後に第 2 波が到達したと記録されている。このことから，沖合で観測された津波の押し引きの時間差は，海岸でも同様であったと考えられる。金華山瀬戸では，津波が海底地形に沿って南北それぞれの方向に引き，海面が最も下がったときには金華山と牡鹿半島が地続きになったことが目撃された。金華山沖合の水深の大きい洋上での水位変動が岸の近くで増幅された結果，金華山瀬戸の海底が露出するほどの引き波を生じたと考えられる。

図 1.25　金華山から撮影された第 2 波
出典：東日本大震災写真保存プロジェクト（https://archive-shinsai.yahoo.co.jp/）

　第 2 波では，第 1 波の引き波による最低水位の 3 分後（2400 秒）に潮位偏差 0 m まで約 5 m も水位が上昇している。第 2 波は，沖合で段波を形成しながら岸に向かっていたようである。金華山で撮影された写真（図 1.25）は，第 2 波が岸の近くで大規模な砕波段波となっていたことを示している。津波の第 2 波は金華山瀬戸の南北から浸入し，衝突によって巨大な波しぶきを上げたという。

　「出エジプト記」の伝説では，モーセが杖を振り上げると紅海が割れ，イスラエル人が海を渡ってファラオの軍勢から逃げることができたという。実際の出来事に因んで生まれた伝説であったとしたら，津波による海面変動が最も可能性のある現象であろう。地震や津波のメカニズムに関する知識がなければ，海割れのような自然の驚異は超常現象として説明されるかもしれない。もし，西暦 869 年の貞観地震やその他の過去の巨大地震が，同じように津波による海割れを起こし，それを当時の人々が目撃したとすれば，後世に残る伝説を残し

ていても不思議ではないように思われる．

〈文献〉

東日本大震災 未来への祈りと伝承～「みちのく巡礼」，https://blogs.yahoo.co.jp/sakurai4391/34375390.html．

国土地理院（2018）特集・平成 23 年（2011 年）東北地方太平洋沖地震から 7 年：地震時の地殻変動と地震後の余効変動，http://www.gsi.go.jp/kanshi/h23touhoku_7years.html．

滝沢文教・一色直記・片田正人（1974）金華山地域の地質，地域地質研究報告，5 万分の 1 図幅，秋田（6）第 100 号，地質調査所．

国土交通省港湾局（2018）全国港湾海洋波浪情報網，http://www.mlit.go.jp/kowan/nowphas/．

1.8 石巻市日和山・門脇地区（日和山公園・門脇小学校） 谷口宏充

【見学と学習の主題】

日和山と門脇町とのはざまで起きていた津波，火災と人との壮絶な戦い

【災害遺産（所在地住所，緯度経度）】

日和山公園（石巻市日和が丘 2 丁目地内，38°25′24.13″N，141°18′25.34″E）

日和幼稚園（石巻市日和が丘 4 丁目 6-36，38°25′18.92″N，141°18′7.86″E）

門脇小学校（石巻市門脇町 4 丁目 2-11，38°25′15.74″N，141°18′17.08″E）

【交通】

JR 仙石線石巻駅下車，日和山公園まで徒歩 20 分程度

車利用が便利

◆石巻市，日和山および周辺地域の概要

石巻市は仙台市から東北方向に約 40 km 離れ，2018 年 3 月時点で住民が約 14 万 6 千人の，宮城県では人口第 2 位の都市である．現在の石巻市は 2005 年 4 月の"平成の大合併"によって旧石巻市に旧河北町，旧雄勝町や旧牡鹿町など 6 つの町が加わって構成され，約 555 km^2 の広大な面積を有している．そのため同じ石巻市と言っても自然や人間の営みを含めあまり均一ではない．たとえば津波被害との関係で重要な海辺の地形で言うと，本市東北部の北上町から

牡鹿半島にかけては直接太平洋に面する典型的なリアス海岸であるが，半島から西側は石巻湾に面する海岸平野となっている．また本市は東日本大震災を引き起こした東北地方太平洋沖地震の震源に最も近い自治体でもあり，震源は牡鹿町金華山の東南東約 115 km で深さ 24 km に位置していた．本市での震度は 6 弱であるが，犠牲者数約 4000 名（主として津波による）を出した"最大の被災自治体"であった．本市は江戸時代より北上川水運の拠点として栄えた港町であり，水運業以外，石巻工業港近くには製紙や鋳物などの工場があり，また石巻漁港を中心とした漁業や水産加工業などの産業も盛んであるが，それらは津波によって壊滅的とも言えるダメージを受けた．

図 1.26　日和山周辺の詳細標高段彩図

青色：-1m，水色：+1m，緑色：+5m，黄色：+10m，赤色（赤色立体地図）：+15m 以上，破線：日和幼稚園送迎バスの移動経路（黒：門脇小までの行き，赤：幼稚園を目指した帰り），黒点線：門脇小から日和山への階段小道．左下の図は石巻中心部の位置図．青色，水色，緑色の低地部分は 3.11 津波によってすべて冠水した．

日和山は旧石巻市の中心部にあり，江戸時代ごろから仙台藩内の米を江戸に運ぶ海運に際し日和を見る場所として使われていた．旧市役所，公民館，裁判所や石巻高校など5つの学校などが置かれた政治や教育の中心地でもある．日和山は旧北上川河口に位置する長径約 1.6 km，短径約 1.1 km の多角形をした鰐山（わにやま）（図 1.26）という丘陵のうちの南東部を指すが，一般的には鰐山全体を指す場合も多い．高いところで標高は 60 m 程度である．鰐山は海や川の侵食から取り残された残丘であり，第三紀中新世の時代に海のなかで生まれたやや硬い堆積岩で構成されており，丘陵の周囲は第四紀完新世のまだ固まっていない海浜や段丘堆積物からなる標高約 10 m 以下の低地となっている．東日本大震災のとき，この低地部分は冠水し，鰐山は完全に水のなかに孤立することになった．日和山には中世のころ，源頼朝と奥州藤原氏との間の戦"奥州合戦"の後，恩賞として 1189 年に頼朝より奥州総奉行に任じられた葛西清重の石巻城があったとされている．日和山からは市内を一望でき，旧北上川の流れや太平洋，そして晴れた日には松島や蔵王などの美しい景観を楽しむことができる．かつて松尾芭蕉や弟子の曾良も訪れたという．東日本大震災の前，眼下には門脇町や南浜町の多くの家々を望めたが，大津波とそれに伴って発生した大規模な津波火災によって震災直後は建物の土台のみが残った（図 1.27）．しかし，いまでは石巻市，宮城県と国の共同事業として"犠牲者への追悼と鎮魂の，そして教訓伝承の場"として，そこには津波復興祈念公園の 2020 年度完成を目指して工事が進められている．

図 1.27　日和山と門脇町周辺の震災前後の状況変化

◆日和山・門脇地区での出来事

　日和山より低い海沿いには門脇町，南浜町や雲雀野町が，高台である日和山には日和が丘，南光町や大手町などの街並みがあり，いずれも多くの住宅が建ち，多くの住民が暮らしていた。たとえば南浜町や門脇町には約2000軒の住宅があり（図1.27），約5000人の住民が暮らし，日和山を含む鰐山には約6000人が住んでいた。海から門脇町の日和山際までの距離は平均約750 mである。日和山と下界の門脇町との境の多くは標高差10 m内外の崖ないし急傾斜地となっており（図1.26），高台と下界とをつなぐ道路は車の通行が可能なものが2本，他に人が歩いて行き来できる何本かの小道がある。しかし日和山では道路事情があまり良くなく，道幅は狭く大型バスが通行するのは困難なほどである。そのため日常でも交通渋滞が起きやすいとの話であった。

　では3.11のあの日，このあたりではどのような出来事が進行していたのであろうか？　表1.2には日和山および下界の門脇町周辺で起きていた東日本大震災による出来事の時系列を示している。時系列に整理するためNHK総合（2012，2014），フジテレビ（2011），石巻地区広域行政事務組合消防本部（2012），河北新報社（2013）やインターネット記事など，他にも多くの報道資料を参考にしている。

　3月11日14時46分，石巻市牡鹿町金華山の東南東約115 kmで発生した巨大地震で震度6弱を門脇町では記録した。それから約3分後，高さ6 mの大津波警報が発令され，さらに15分後には10 mの大津波警報に引き上げられた。これらの警報は防災無線ばかりでなくテレビやラジオなどによって放送され，さらに地域によっては消防や警察の車が注意を呼びかけていた。筆者の住む塩釜市でも同様であるが，ここ石巻市でも地震後，短時間で停電になり放送を見聞きすることはできなかったらしいが，携帯型のテレビやラジオなどで情報を得ることは可能であった。それでも"大地震後には高台に避難するべき"という教訓が知られていたため，門脇町や南浜町などの多くの住民は事前に決められていた避難場所である日和山に向かった。最終的には約3000人の住民が日和山に逃れ，高台には居住民約6000人を含め計約9000人の人々がいたこと

になる．しかし日和山一帯は高台にある"地震時などに著しく危険な密集市街地"ともされていた．津波は南浜や門脇地区に地震発生から約1時間後に土煙を上げながら到達し，高台は水で囲まれ，浸水した深さは約6mであった．やがて山際に押し寄せた家屋や車などから火災が発生し始め，日和山を取り囲むことになった．

地震直後，門脇小学校では日頃の訓練に従って教員による引率のもと，生徒275人と居合わせた父兄らを校舎の西側にある階段小道（図1.26）を通って高台に避難させた．また，同校職員は少し遅れて校庭に避難してきた住民を校舎内に誘導し，さらに，火が校舎に燃え

図1.28　門脇小学校に燃え移る津波火災

移ったのに気づき（図1.28），校舎と日和山との間で最も狭い場所を探し，そこに教壇で橋を渡して住民を山に避難させた．この職員の冷静で沈着な行動が約50名の住民の命を救うことになった．

一方，日和山の高台にある日和幼稚園では，地震発生の後"園児たちを一刻も早く保護者のもとに送り届け安心させたい"と，園長の指示により園児12名を送迎用バスに乗せ，女性職員1名同乗の上，園児らの家のある下界の門脇町や南浜町に向かわせた．時刻は15時ごろであった．そのコースは図1.26の破線のとおりであり，黒破線は門脇小までの行きのルートを，赤破線は幼稚園への帰りを目指したコースを表している．5名を南浜町で保護者に渡した後，予定していた門脇小学校には15時30分ごろ到着し，園児2名を保護者に渡した．このとき，幼稚園から教諭2名が日和山から小学校に通じる階段小道（図1.26）を降りてバスに会いに来た．しかし残りの園児5名を小道を通って避難させることはせず，バスに乗せたまま園に帰ろうとした．道は渋滞していたら

表 1.2　日和山周辺における東日本大震災の時系列

月日	時刻	何が起きたのか	門脇町・南浜町	門脇小学校	日和幼稚園
3月11日より前			海から日和山際までの距離は670〜870m, 標高は0〜7m. 大地震時には高台の日和山に避難するべきことが住民に知られていた.	海からの距離は約730m, 標高は約5m. 大地震時には学校西側の階段小道を通って裏山の日和山に避難する訓練を繰り返していた.	海からの距離は約800m, 標高は約23mの高台（日和山）にある. 地震マニュアルは徹底せず, 避難訓練はしていない.
3月11日	14:46	東北地方太平洋沖地震（M9.0）発生. 門脇地区は震度6弱.			
	14:49	気象庁, 宮城県に高さ6mの大津波警報を発表.			15時ごろ園児12名を保護者に返すため女性職員1名同乗のうえ, 園長見送りのもと, 男性運転手により送迎バスを門脇町に向け発車.
	15:14	高さ10m以上の大津波警報に更新. 15時16分ごろ, 津波の引き波により旧北上川で水位低下.	15時30分ごろまでに多くの住民が高台に避難した.	津波到達前, 生徒275名と父兄を西側にある階段小道を伝い日和山に避難させる.	南浜町などで5名の園児を保護者に渡した後, 15時30分ごろ門脇小に到着し, 園児2名を保護者に渡す.
	15:26	石巻市鮎川で8.6m以上の津波を観測.	15時40分〜15時50分の間に津波の押し波が到達. 南浜における浸水深は5.9m.	学校職員が校庭に避難してきた住民約50名を校舎内に誘導した.	教諭2名が階段小道を降り送迎バスと合う. 園児連れ戻さず. バスは園長指示に基づき幼稚園に向け引き返す.
	15:50ごろ	高台から津波の土煙が目視される.	日和山際まで約7mの高さの津波が迫り, 山に衝突後, 東西に分かれて流れる. 広範な住宅地で火災発生. 日和山を除き周囲はすべて水に囲まれる.	周辺住宅で火災が発生し, 学校にも延焼する. 職員は住民を落ち着かせた上で, 校舎と山との間に教壇による橋をかけて避難させる.	園に戻る途中の15時45分ごろ門脇町5丁目の山際付近でバスは津波に遭遇. 運転手は水のなかで意識を失う. その後, 脱出し帰園して園長に報告する.

表 1.2 （つづき）

月日	時刻	何が起きたのか	門脇町・南浜町	門脇小学校	日和幼稚園
3月11日	17時ごろ	大津波が繰り返した。夜22時過ぎ，風向きがそれまでの北寄りから西寄りに変わり，高台への延焼危機高まる。	山際一帯は瓦礫に埋没。家屋・車などから火災が発生し拡大。消防署員は高台から決死の消火と救助活動を行う。水に囲まれた高台には多くの住宅と避難者を含め約9千名もの人々がいた。		子どもが助けを求める声を付近の住民は聞いたが，助けに行くのは無理と判断した。津波発生から約10時間後，火災が延焼してきた。園長らは現地まで行ったが，捜索・救助活動は行われなかった。
3月12日	20:20	朝3時過ぎ北寄りの風に変わる。20時20分，津波警報に切り下げ。	0時30分，日和山南西部の住民に避難指示。朝方の風向変化により高台への延焼危機が低下する。		
3月13日	7:30	津波注意報に切り下げられる。夕方の17時58分，すべて解除される。			
3月14日					園児5名は門脇5丁目のバス付近で焼損した遺体で発見された。女性職員は行方不明。
3月23日			鎮火が確認される。		

しい。その後，15時45分ごろ，低地から高台にさしかかる場所でバスは津波に飲み込まれた。運転手は気を失った後，意識を取り戻し，幼稚園に戻り園長に報告した。周辺に居住していた住民の話によると，夜中まで子どもたちの助けを呼ぶ声が聞こえていたという。しかしその場に居合わせた町内会世話役によると，"声はすれども暗くてどこかわからない" "浮遊物で泳ぎも歩きもできない" "そのうち火災が迫る" という状況で，消防署員も一緒ではあったが救助は不可能だったとの話である。

　このころ日和山にいて消火活動をしていた消防署員は，高台に孤立していた

ため人員も機材も水源も足りず，しかし高校のプールの水を利用するなどの工夫をして決死の消火活動を崖の下に向け行っていた。ここが破られて，火が日和山一帯に燃え広がると9000名の命に関わるからである。火災の熱さに苦しみ"助けてー"という叫び声やうめき声があちこちから聞こえてきたが，何もすることはできなかったと言う。翌12日の早朝に風向きが北寄りに変わったことにより日和山への延焼の危険度は下がった。延焼との戦い，上昇気流に乗った飛び火との戦いは11時間に及んだ。次は下界に降りて救助活動にとりかかる番である。下界は爆撃後のような惨状であり，約5万6000 m^2 を焼き尽くし，焼け跡からは55人の焼損した遺体が発見された。

◆災害遺産は何を語っているのか

　今回の石巻市および日和山・門脇地区との境付近で起きた出来事は，今後の防災のために教訓として記憶しておくべき貴重な内容を含んでいる。

　まず地形との関係について見ておこう。先に記したように石巻市は海岸地形に基づくとリアスと海岸平野の2種の地域に大別される。市内の町や大字など小地域別（谷，2012）に見たとき，北上町から雄勝町や牡鹿半島までのリアス地域の死亡者総数は約810名，住民総数は1万5291名であり，死亡割合は約5.3％であった。それに対し，渡波，魚町，門脇町などの海岸平野地域での死亡者総数は1937名，住民総数は11万5309名であり，死亡割合は約1.7％であった。死亡者数で言うと住民の多い海岸平野のほうが多いが，死亡割合で言うとリアスのほうが多い。これは一般に言われる"リアス海岸のほうが他の場合よりも犠牲者が出やすく危険だ"と言われることに調和的である。しかし一方では，浸水深を基に今回の大津波による犠牲者数を比較した場合，浸水深が同じだとリアス海岸のほうで犠牲者が少なくなる傾向がある（国土交通省，2011）。これはリアス海岸ではすぐ近くに高所があり，避難するのに有利なためと理解されている。これらは，地形の特徴を読み解き活かした上で防災対応にあたることの重要性を示している。

　次に津波火災との関係でも，地形特徴の理解が重要であることを知っておこ

う．今回の東日本大震災で顕著だったことの一つは津波火災の多発である．津波によって破壊され瓦礫と化した建物や車両などは津波によって運ばれ，流れがせき止められやすい場所，具体的には平地と高台との境界にある崖や高い建物のあるところなどに集積していった．ここで何らかの原因で出火し，次々に瓦礫に燃え移り火災は広がっていった．出火の原因としては車からのものが大部分であったらしい．このようなタイプの津波火災の発生は，今回の日和山と門脇町との境界が典型であり，岩手県の大槌町でも同様の事例（NHK 総合，2012）があった．日和山では瓦礫から発生した火災は東西方向の山際に沿って約 800 m にわたって燃え広がり，風向きによっては"著しく危険な高台密集市街地"である日和山を大火にさらす危険性があった．しかし石巻消防署員の必死の努力，そして風向きが密集市街地への延焼を起こしにくい北寄りに変化したという幸運も重なって，無事に乗り切ることができた．この場合，最悪のケースとして考えられるのは火災旋風の発生である．関東大震災のときに 3 万 8 千人という多数の犠牲者を出した火災旋風は，今回の東日本大震災でも気仙沼市の内の脇地区で極小規模ながら発生していた（1.1 節を参照）．もし日和山で南寄りの強風が吹き，鰐山全体に火が燃え広がっていた場合，火災旋風が発生していた可能性がある．その場合，冠水によって高台の外への逃げ場はなく，消防力も足りず，外部からの支援も困難な状況下であったので，さらなる大惨事が起きていた可能性があったのではないだろうか．いずれにせよ高台や高い建物があり，瓦礫などが集積しやすい場合では，火災の脅威についても十分な注意を払う必要があることを示している．

　次に今回の震災でこの地域でとられた避難行動について見てみよう．日和山より浜側の雲雀野町，南浜町と門脇町の 3 地区の住民には，大地震の際，近くの唯一の高台である日和山に逃れるべきであることは知られており，実際，多くの住民がいち早く日和山に避難した．しかし 3 地区合計で 355 名の犠牲者が出ており，これは総人口の約 7.5 ％ の人々が逃げなかった，あるいは逃げ遅れたことを意味している．この地区では大津波のときに向かうべき避難場所として"日和山"は知られていたので，常々言われることではあるが"1 分でも早く行動を開始して避難場所に素早く逃げるべき"という行動指針が最も重要

な教訓であろう。この指針に従って日頃から訓練を行い，当日も訓練に従って行動をし，1名の犠牲者を出すこともなく避難に成功したのが門脇小学校での例である。また火災が燃え広がり校舎に火がついた段階で，パニックになりかかった住民を落ち着かせ，避難が可能な箇所とルートを探して避難させた学校職員の冷静な対応は適切で見事だった。しかし素早い避難を試みても，向かうべき避難場所やルートが不適切なら，指定避難所に行ったにもかかわらず多くの犠牲者を出した事例が今回の震災で少なからず存在していることには注意が必要である。

　ここでも極めて残念な悲劇的事例として日和幼稚園のケースが発生した。日和幼稚園は高台の上に位置しており（図 1.26），津波に対しては安全な場所にある。したがって，地震発生直後の状況では，大津波警報も発令されており，下界の門脇町や南浜町にわざわざ行くことは通常では考え難い。しかし園長の説明では"過去の事例から津波が来るとは思わなかった""子どもたちが不安そうにしていたので一刻も早く親のもとに返そうと思った"，また"頭のなかが真っ白になりラジオなどで情報を得ることまでは思いつかなかった"などと述べている。そのとき園長はパニック状態に陥っていたのであろうが，もし常日頃から避難について十分な検討を行い，園児や職員たちと十分な訓練を行っていたなら，"頭のなかが白くなる"ことはなかったのではないだろうか。このような園側の対応に，園児の遺族は"安全配慮義務を怠った"として 2011 年 8 月に仙台地裁に提訴した。遺族側は"園は警報で津波の危険性を予見できたのに，被害を受ける可能性が高い海側にバスを走らせた""地震時のマニュアルを周知せず，避難訓練も実施しなかった"などと主張した。地裁における遺族側の勝訴の後，園側の仙台高裁への控訴を経て，2014 年 12 月に遺族側の訴えどおり園側の責任が認められた。判決では損害賠償の支払いと同時に，「被災園児らの犠牲が，教訓として長く記憶にとどめられ，後世の防災対策に生かされるべき」だとして和解が勧められた。このように前例がなくても事前に危険性が合理的に判断（危惧）される場合，責任が問われるようになってきているらしい。このような考えを危惧感説（古川・船山，2015）という。

謝辞　アジア航測先端技術研究所の千葉達朗氏には事件の事実経緯に関してご意見をいただきました。感謝いたします。

〈文献〉

フジテレビ（2011）石巻，日和幼稚園，真夜中まで「助けてー！」と叫び続けるも救助されず，https://www.youtube.com/watch?v=cgFhIm3Bz9w.
古川元晴・船山泰範（2015）福島原発，裁かれないでいいのか，朝日新書，195p.
石巻地区広域行政事務組合消防本部（2012）東日本大震災―3.11 石巻広域の消防活動記録，石巻地区広域行政事務組合消防本部，116p.
石巻市（2017）東日本大震災　石巻市のあゆみ，石巻市役所，386p.
石巻市日和幼稚園遺族（2015）3.11 日和幼稚園バス被災　その時何が…，小さな命の意味を考える，55-56.
河北新報社（2013）情報収集怠り「人災」認定，河北新報記事，9月18日，K201309180A0A106X00002.
国土交通省（2011）東日本大震災の津波被災現況調査結果（第2次報告），http://www.mlit.go.jp/common/000168249.pdf.
中野明安（2014）日和幼稚園事件控訴審和解について，リスク対策.com，http://www.risktaisaku.com/articles/-/993.
NHK 総合（2012）クローズアップ現代　津波火災 知られざる脅威，http://www.nhk.or.jp/gendai/articles/3240/1.html.
NHK 総合（2014）宮城県石巻市～津波と火災に囲まれた日和山，証言記録東日本大震災，29，NHKエンタープライズ.
谷謙二（2012）小地域別にみた東日本大震災被災地における死亡者および死亡率の分布，埼玉大学教育学部地理学研究報告，32，1-26.

1.9　女川町女川浜地区（女川交番・清水町）　谷口宏充

【見学と学習の主題】
　ときに荒ぶる海との共生を目指した大震災からの復興
【災害遺産（所在地住所，緯度経度）】
　女川交番（女川町女川浜地内，38°26′42.00″N，141°26′48.40″E）
　清水町（女川町清水町，38°27′13.92″N，141°26′38.49″E）
【交通】
　JR 石巻線女川駅下車，遺構女川交番までは徒歩5分
　車利用が便利

◆女川町の概要

女川町は宮城県牡鹿郡にあり，東は女川湾を経て太平洋に面し，他の三方を石巻市に囲まれた面積 65.4 km^2 の町である．図 1.29 には震災直後の町中心部の詳細標高段彩図を示している．赤色系統は標高 15 m 以上の土地であり，それだけで土地の凹凸が直感的に理解できる赤色立体地図となっている．この赤色系統の土地は主に中生代三畳紀の砂岩や泥岩で構成された山地・丘陵地であり，それに対して水色，緑色や黄色で塗られた低い平地は，主に 1 万年前以降の河川堆積物や海岸平野堆積物で構成されている．東日本大震災のとき，この低い平地は大津波によって覆われ，主に砂が堆積して土地の歴史に新たな 1 ページが加わったことになる．

女川という地名はどのようにして生まれたのか最初に触れておこう．図 1.29

図 1.29　女川町女川浜地区の震災直後の詳細標高段彩図
青色：-1m，水色：+1m，緑色：+5m，黄色：+10m，赤色（赤色立体地図）：+15m 以上，黄色破線：高台移転用造成地．

に示した清水町の西北西約 2 km の地には黒森山があり，そこから流れ出た沢水は麓の安野平を経て小川となり，清水町を経て最終的には現在の魚市場付近で女川湾に流れ込む。いまから約 1000 年前，陸奥の豪族安倍貞任は源頼義・義家親子と争い（前九年の役），一族の女や子どもを安全な安野平に避難させた。戦に敗れた後，女や子どもは安野平からの流れに沿って落ちのびたため，この流れを女川と呼ぶようになったという。時代は下って江戸時代，この地は仙台藩領であり，そのうちの牡鹿郡中奥浜方の女川組と称されていた。その後，1889 年 4 月の町村制の施行によって女川村となり，1926 年には女川町となった。女川湾は比較的水深が深かったため，同じ宮城県内の塩釜港や石巻港が整備される以前は大型船舶の停泊地になることも多く，第二次世界大戦以前には軍港の誘致を請願することもあった。

　女川町の産業としては日本有数の漁港の一つである女川港を中心にした秋のサンマ漁が知られているが，他にも牡蠣，ホタテ，ホヤや銀鮭の養殖漁業も盛んである。そのため女川の河口や港周辺には東日本大震災前，商店や住宅，水産加工場が密集していた（図 1.30）。経済の視点で見たとき，中心市街地の南東方向約 7 km の地点で石巻市に接してつくられた東北電力女川原子力発電所（女川原発）の存在が重要であろう。女川町は原子力発電所の立地による地域振興を目的として，1967 年に原発誘致を決定し，2002 年 1 月には施設の完成・運転開始をし，合計 217 万 kW の電気出力の原発が所在する町となった。原発の建設によって関係企業従事者の増加による経済効果が生まれ，さらに国

図 1.30　震災前後における女川港周辺の様子

からの電源三法交付金，県の核燃料税による核燃料税交付金や発電所の固定資産税などの税収が増え，経済的には大いに潤ったと言われている。

　女川町の人口は総務省の国勢調査によると1970年で1万7681人であり，その後減り続け震災直前の2010年には1万51人，震災によって1043人の犠牲者を出し，その後の2015年には6334人まで減少を続けている。2010年と2015年の人口を比較すると人口減少率は約37％であり，全国で最も高い自治体であった。

◆女川町と女川浜地区での出来事

　最初に東日本大震災以前の津波被害について整理しておこう。女川町は太平洋に面し，三陸リアス海岸の一部をなしている。そのため869年の貞観大津波や1611年の慶長大津波を代表例として，津波に繰り返し襲われていたであろうことは推察できるが，被害の詳細は不明である。1896年6月に発生したM8.5の明治三陸大地震では最大波高38mの津波が押し寄せ，岩手県を中心に約2万2000人の犠牲者と約8900戸の家屋流出の被害をもたらした。しかし女川町女川浜における波高は3.1mであり，大きな被害は生じなかった。1933年3月にはM8.4の昭和三陸地震が発生し，岩手県では最大29mの大津波が押し寄せ，全体では約3000名の犠牲者を出した。女川町では数m程度であり，507戸が浸水したが，犠牲者は1名にとどまった。比較的新しい津波のなかで特記すべき例は，1960年5月に南米チリで発生したM9.5の超巨大地震によるチリ地震津波によるものである。地震発生後一昼夜かけて太平洋をわたり日本に到達した津波は，最大波高6.1mで三陸海岸を中心に襲った。震源が遠隔地であるため地震動を感じないまま，極めて周期の長い津波に襲われ，日本全体では142名の犠牲者を出した。女川町では女川駅で4m程度の波高であり，犠牲者こそ出さなかったが経済的には被害額が全国額の1割の25億円に及んだ。

　その結果，女川町は恒久的な津波対策のための構造物をつくることを決めた。構造物としては外洋からの波浪や津波を防ぐため海中に設置される防波堤

と，海岸沿いに堤防や水門などを備え高潮や津波の被害から陸地を守るための防潮堤の2案があった．当初，国や県からは3m高の津波防潮堤の建設を指示されていたが，これでは漁業や港湾機能などに対して大きな不便・打撃を与えると考えた．そのため，町は防潮堤案ではなく，漁業や港湾機能などにとってより打撃の少ない防波堤建設で対応できないかと考え，東北大学に防波堤建設に関する模型実験研究を依頼した．その結果，津波軽減と港湾機能の維持という両面でより満足のできる結果が得られ，防波堤案が採用された．なお当時の防潮堤建設案は1958年に岩手県の田老町で完成した巨大防潮堤が，チリ地震津波を防いだと誤解されていたことが影響していたらしい．実際には津波はこの防潮堤まではほとんど到達していなかったということである．3.11大震災近くの2010年2月には，同じ南米チリで発生したM8.8の巨大地震によって女川には1.2mの津波が到達した．また大震災2日前の3月9日には，同じ三陸沖でM7.3の大きな地震が発生し津波注意報が出された．以上に見てきたように，女川町は繰り返し津波に襲われてはいたが，東日本大震災まで他の三陸沿岸地域のように多くの犠牲者を出すことはなかった．

　では次に東日本大震災について見てみよう．2011年3月11日14時46分，女川町の東北東約130kmの地点でM9.0の超巨大地震"東北地方太平洋沖地震"が発生した．女川町では震度6弱を記録し，この地震によって引き起こされた津波は46分後の15時32分，女川の海岸に到達した．女川港における津波の最大波高は14.8mを記録している．この津波によって防波堤は破壊され，図1.29の標高約10m以下（黄色〜水色）の低地部分は海水に覆われ，図1.30に示すように町の中心部のほとんど（240ha）が壊滅した．水揚げされた水産物を効率的に流通させるために重要な女川町地方卸売市場も甚大な被害を受けた．JR石巻線の女川駅は土台だけを残して駅舎は流出し，停車中の列車も流され，女川〜石巻間の線路も損傷した．標高7m程度の高台にあった3階建ての町庁舎も冠水したが，町長ら職員は屋上に避難して全員無事であった．この津波によって2937棟の家屋が全壊，326棟が半壊して，多くの住宅などが失われた．また特徴的な被害として鉄筋コンクリート製のビル6棟（女川交番，女川サプリメント，江島共済会館など）が基礎部分ごと地面から抜けて横倒し

になるという事態も発生した。液状化現象で基礎が浮き上がったところを津波によってなぎ倒されたと考えられているが，他にはあまり例のない被害であることから，町では女川交番を震災遺構として保存し，今後の防災教育や観光に資することを決めている。さらに中心

図 1.31　女川サプリメント

市街部にある七十七銀行女川支店では，責任者の指示によって行員は 3 階まで避難したが，津波は屋上まで達し 1 名を除き全員が犠牲となった。後に記すように避難を巡って訴訟に至った。

　東日本大震災では地震や津波による被害と同時に，東京電力福島第一原子力発電所の過酷事故による被害が深刻であった。では東北電力の女川原発ではどうであったのだろうか。東北電力では 2002 年の原発の建設に先立って貞観大津波や慶長大津波を含め周辺地域の地質調査や文献調査を徹底して行っていた。それらを参考に数値シミュレーションを行い，原発建設の立地を余裕をもって決定していた。その努力もあり，女川原発ではギリギリではあるが津波による被害は最小限ですんだ。しかし宮城県による原発の管理・監視組織であり，女川浜にある原子力防災対策センター（図 1.29）と宮城県原子力センター（どちらも 2 階建ての建物）は屋上まで冠水し，環境放射線監視システムが壊滅し，職員の多くも行方不明となった。そのため一時的に監視ができないという状態が生まれていた。

　今回の津波で女川町では 872 名の死者と行方不明者が生まれた。両者を合わせた犠牲率は人口の 8.7％であり，岩手・宮城・福島被災 3 県の市町村別調査によると，最も犠牲率が高い自治体であった。先に見たように，女川町では津波による犠牲者が従来ほとんど知られていなかったことが思わぬ油断を生

み，これだけ多くの犠牲者を出すことにつながったのではないだろうか。それが典型的に現れているのは清水町での出来事であった。図 1.29 に見られるように清水町は女川沿いに河口から約 1 km 以上離れ，標高は 4 m 程度の場所にある。河口から最も離れた新田地区は 2 km もの距離があり，標高約 14 m の場所に立地する集落であった。ここから海を望むことはできず，まるで海に関係のない山のなかにいるように感じられるが，80 年前の昭和三陸大津波では被害を受けたとの話も残されていたので住民は津波に注意を払っていたとの話がある。しかし，その後の 1960 年チリ地震津浪では被害を受けず，油断が生じていたのかもしれない。残念なことに，この地域では津波により 186 名もの犠牲者，女川町の犠牲者の約 2 割を出し，死亡率も 11 % で町のなかでは最も高かった地域である。

◆災害遺産は何を語っているのか

最初に七十七銀行女川支店の悲劇について見ておこう。この銀行は 1973 年に建築された鉄筋コンクリート造り 2 階建てで，2 階屋上にある 3 階電気室の屋上までが 13.4 m の高さであった。大津波警報が発令された後，マニュアルと支店長の判断に従って，建物に残っていた行員 13 名は屋上に避難した。地震発生約 30 分後，屋上を超える高さの津波が襲い，支店長を含めた 12 名が犠牲となった。一部の遺族たちは "近くに銀行が避難場所と定めていた堀切山（女川町立病院）があったのに，そこに避難させなかったのは，安全な場所に避難させる義務を怠った" と仙台地裁に提訴し，次いで仙台高裁に控訴した。しかし地裁判決では "避難場所としては堀切山と同時に，緊急時にはビルの屋上も含めるよう改定しており，支店長が屋上を超す高さの津波を予想することは困難だった" として，銀行の安全配慮義務違反を否定した。高裁では "建物の屋上が避難場所として適切だったかどうか" と "10 m の高さの津波を予見できたかどうか" の 2 つが争点であった。このうち第一の争点について判決では "過去の地震から想定される津波の高さは 5.9 m であり，それを超える 10 m の高さの屋上を避難場所としたのは合理的である" とした。第二について遺族

側は"当日の地震の揺れかたやリアスという地形を考慮すれば予見できる"とした。これに対して高裁では"気象庁の当初の予想は 6 m であり，後に 10 m に修正したが，その時点で津波はすでに到達しており，高台への避難は困難であった"として銀行側に過失はなく無罪を言い渡した。裁判結果はこのように遺族側の敗訴に終わったが，類似の津波予見可能性をめぐる"津波訴訟"は宮城県内だけでも石巻市日和幼稚園，石巻市大川小学校，山元町東保育所や山元自動車学校など 6 件以上ある。これらのなかで被害者（原告）側が勝訴したケースも，責任者（被告）側が勝訴したケースも共に認められる。これらの判例から学べることは，前例がない限り，事前に責任のある被告側が科学的にも可能な限りの検討を加え判断した避難計画・行動の場合，たとえ結果が不幸な事態になっても責任は問われないということである。一方では，ずさんな計画の場合や，少し考えれば不幸な結果が合理的に危惧できるケースであり，それを避ける方策をとらなかった場合には責任を問われるということのようである（危惧感説）。ただし気仙沼市波路上地区，石巻市釜谷地区や東松島市野蒜地区などの例にも示されているように，津波避難時，近くに"より高所に連続して避難可能な地形"がある場合，"想定外"に遭わないようビルや孤立した高所は避け，そちらの地形を活用するべきであるとは言える。

　このように東日本大震災によって女川町ではさまざまな面で予想もしない大被害を被った。建物の全壊率は 68%，犠牲率は人口の 8.7% であった。町内の重要な施設でも町立病院，町役場，水産関係施設などが大打撃を被り，水産関係の企業や人口の減少も続いている。言わば女川町は壊滅状態に陥っていたといっても過言ではない。このようななかで，町の復旧・復興のための計画が検討されていった。震災直後，国や県からは津波から住民を守るための構造物として被災沿岸に"巨大防潮堤"の建設が指示された。これは先に記したように，いまから約 50 年前のチリ地震津波のときと同じ局面に町は立たされたことになる。これに対して，自らの被災体験と将来ビジョンなどに基づいて，大きく分けて 2 つの提案がなされた。町の経済界が一体となってつくった女川町復興連絡協議会からは，市街地と海とを高さ 15 m 程度の巨大防潮堤で遮断し，海との行き来は"海門"と名づけられたゲートを通じて行う"海の城郭"と言

うべき案が出された。提案の趣旨としてはできるだけ早く土地を確保し，道路は防潮堤の上を通し，住宅，工場，学校，役場や駅などは防潮堤内につくり，一刻も早く町の復興を進めたいという考えである。ただし，この提案では町の基幹産業である水産関係で問題が生じないのか，昔からの馴染み深い海の景色が見えない，海が直接見えづらいので津波や高潮などのときにはかえって危険なのではないか，などの意見が出された。また，垂直の防潮堤はそのままでは建設できず，15m程度の高さのためには海側と陸側にそれぞれ高さの3倍程度の裾の広がりが必要であり，そのために必要な海辺で幅約90m程度の土地の確保が困難であることがわかってきた。さらに，お手本とも考えた岩手県田老町の巨大防潮堤が，今回の津波ではもろくも崩壊してしまい，あまり役に立たなかったことも海の城郭案には不利であり，この案は捨てられた。

　一方，当時の町長を中心とする行政側では巨大防潮堤案をとらず，住民の命を守るための高台への移転を復興案の中心に位置づけた。このように考えた理由は，沿岸地域では破壊規模に比べて犠牲者が少ないことがわかり，住民たちは津波を見てすぐ近くにある高台にいち早く逃げ込んでいた事実に気がついたためである。それに対して海から離れた清水町では，町の犠牲者の約2割もの犠牲者を出している。周囲は海が見えない山のなかのような場所であり，津波が来ているとの放送などにも実感を伴わなかったことが原因だと考えられている。これらの結果，女川町では巨大防潮堤はつくらず，図1.29の黄色破線で示されるような高台に住宅などの移転用の造成地をつくり復興を進めていくことを決めた。図1.32には町による復興構想案の概要を示している。人の住む住宅は高台につくり，次いで低い場所には学校などの公共施設を，嵩上げした幹線道路を境にして，水産関係施設などは不便がないように海に面してつくら

図1.32　女川町による復興構想案概要

れている。海と陸とを分断する巨大防潮堤はつくらないが，主として高潮を防ぐための低い防潮堤はつくる。これが出来れば女川湾に再建された防波堤とともに，それほど大きくない津波に対しては減災効果を発揮してくれるものと考えられている。このようにして津波から命を守ると同時に，昔からの風景，生活，観光業や水産業を守り，海との共存を図ることを目指しているように見える。このような努力が認められ，女川駅前を中心とする再生街並みは，2018年度都市景観大賞で最高賞に選ばれた。

〈文献〉

古川元晴・船山泰範（2015）福島原発，裁かれないでいいのか，朝日新書，195p.
宮城県沿岸域現地連絡調整会議（2011）宮城県沿岸における海岸堤防高さの設定について（案），http://www.thr.mlit.go.jp/Bumon/B00097/K00360/taiheiyouokijishinn/kaigann/kaigann2.pdf.
NHK 総合（2013）宮城県女川町 〜静かな港を襲った津波〜，証言記録東日本大震災，2，NHK エンタープライズ．
NHK 総合（2015）宮城県女川町 〜「巨大防潮堤は要らない」決断のわけ〜，証言記録東日本大震災　第 38 回，2015 年 2 月 22 日．
女川町（1960）女川町誌，1015p.
女川町（1991）女川町誌続編，559p.
女川町（2011）女川町復興計画 〜とりもどそう 笑顔あふれる女川町〜，女川町，90p.
女川町（2015）女川町東日本大震災記録誌，宮城県女川町，196p.
仙台地方裁判所（2014）仙台地裁　平成 26 年 2 月 25 日，平成 24（ワ）1118.
東北電力株式会社（2011）女川原子力発電所における津波評価・対策の経緯について，http://blog.canpan.info/renn/img/110913.pdf.

1.10　東松島市大曲浜地区（大曲浜新橋）　　　谷口宏充

【見学と学習の主題】
　同じ浸水深で比較した場合の異常な犠牲者数とグリッドロック現象
【災害遺産（所在地住所，緯度経度）】
　大曲浜新橋（東松島市大曲下台，38°24′48.23″N，141°14′24.34″E）
【交通】
　JR 仙石線陸前赤井駅下車，徒歩約 2.2 km

車利用が便利

◆大曲地区の概要

大曲地区は東松島市のなかでは最も東に位置し、二級河川の定川によって石巻市と隔てられ、仙北平野と呼ばれる海岸平野の上に位置している（図1.33）。大曲のうち北上運河を境にして海側の地域を大曲浜と呼ぶ。仙北平野は北上川流域や鳴瀬川流域の更新世の台地や完

図 1.33　大曲地区周辺の地図（国土地理院）

新世の低地によって出来上がっているが、大曲では完新世の低湿地であり主に水田として利用されてきた。この低湿地という特性が、津波からの速やかな避難を妨げる一因になったものと考えられる。本地域から北西方向に約4.5 km行くと、北東−南西方向に広がる中新世の地層からなる高台に到達できるが、その間には標高5 m以下の低地のみが広がっている。東日本大震災時の津波では、高台に至るとりわけ標高3 m以下の土地が冠水した。大曲における産業としては米作以外に、水産業では高品質な海苔づくりが知られており、また大曲浜から続く石巻港沿いの地域では船舶や合板の企業活動が行われている。近くには航空自衛隊松島基地がある。これらの産業に関係する人々が震災前大曲浜の住民になっていた。大曲浜の震災前の世帯数は約550戸、2010年の統計によると大曲浜の人口は1464人であった。2017年8月に建立された「東松島市大曲浜地区大震災慰霊碑」によると、震災による大曲浜の犠牲者数は286名であった。大曲地区では東日本大震災の津波被害に伴う集団移転先として、東矢本駅北側の「あおい地区」が整備されている。

◆ 大曲地区での出来事

東北地方太平洋沖地震は東松島市で震度6強を記録し，大曲浜には最大約6mの高さの大津波が押し寄せた。大津波は海岸から上陸すると同時に，定川に沿っても遡上した。定川を遡上した津波の勢いは強く，県道247号線沿いに東松島市と石巻市とを結ぶ定川大

図1.34 定川大橋付近における橋の破壊と堤防の決壊

橋を破壊し，河川の堤防も決壊させ，海水を大曲になだれ込ませた（図1.34）。定川大橋では石巻港に停泊していたと思われる長さ50mほどの船が右岸つけ根に衝突しているのが見られた。この衝突も影響したのか，橋の中間の径間部分が落橋し130mほど上流側に流された。図1.35に示すように，堤防が決壊した場所には震災時海抜0mの土地が広がっており，津波による海水がなだれ込み，障害なく数km先まで浸水していくことが可能であった。住民は津波の襲来を知り急いで海から離れ避難しようとしたが，まずは交通渋滞につかまり逃げられず，ついで大曲浜では深さ4～5mくらい浸水する状況であり，多くの人々が間に合わなかった。海から約2.4km離れた大曲小学校付近では浸水深は1m以下であり，生徒や住民たちは指定されていた1階の講堂へまず避難し，ついでテレビ放送で女川町に6mの津波との情報を得て校舎3階へ切り替えて避難し全員無事であった。しかし大曲小学校の生徒のうち保護者に引き渡された児童のなかからは，津波により11名の犠牲者を出すことになった。

◆災害遺産は何を語っているのか

　大曲浜では比較的狭い地域でありながら 286 名もの犠牲者を出した。2010 年 10 月の人口統計によると，大曲浜における総人口は 1464 名であり，これらの数値から計算される死亡率は 19.5％ であった。3.11 津波の調査によれば（五野井，2012）対象地域における浸水深は 5 m 程度である。国土交通省（2011）によると，この浸水深に対応する東日本大震災時の平均的死亡率は 8％ 程度であり，約 117 名の犠牲者が予想される。後に図 1.35 に示す東松島市内で発見された遺体分布からすると，実際に大曲浜内で発見された遺体は 112 名でありほぼ一致する。しかし先に述べたとおり，慰霊碑に記された大曲浜の死者は 286 名とされ死亡率は約 20％ である。すなわち，その差 169 名の方々が大曲浜から逃れた後，浜以外の場所で亡くなったことになる。たとえば，大曲浜から約 1.5 km 北西の登録地点（図 1.35 の大曲）では，46 名の遺体のうち 37 名が大曲浜に住所を持ち，浜からは離れたものの内陸部への避難途中で亡くなったことが推定される。一方，大曲浜と記された地点付近では，68 名の遺体のうち 53 名は大曲浜内に自宅があり，多くの人々は浜からさえ逃れることができなかったことを示している。大曲浜と内陸との間の北上運河には内陸に通じる 2 か所に橋がある。当時，一方の上浜橋は地震による破損で使用

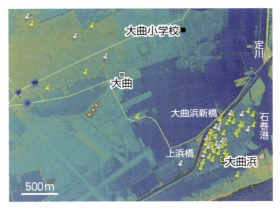

図 1.35　大曲の詳細標高段彩図上に示した遺体登録地と生前住所
青色：-1m，水色：+1m，黄色：+3m，白ピン：大曲，黄ピン：大曲浜。

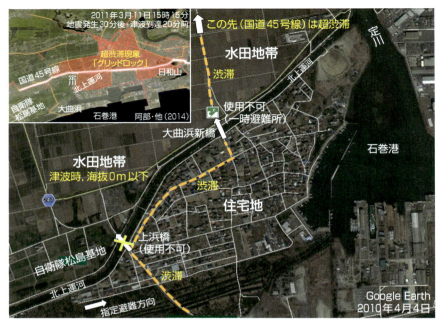

図 1.36　大曲浜における交通渋滞と国道 45 号線でのグリッドロック
図の状況は地震発生 15 分後，津波到達 35 分前ごろ．

できず，残りの大曲浜新橋のみが使えたが，橋の前後の道路は交通渋滞していた（図 1.36）．さらにその先の国道 45 号線付近ではグリッドロック現象が発生し（阿部他，2014），車はまったく身動きがとれない状態であった．適切な避難場所のない大曲浜に実質的に閉じ込められたこと，浜の外に逃れても海抜 0 m 以下の身動きの難しい水田地帯であり，そこに防波堤を破壊した津波が押し寄せたこと，それらに併せ超交通渋滞の発生が犠牲者をさらに拡大したものと判断される．新聞報道（河北新報，2011）によると，このような状況のなかでも助かった例として，自転車で避難して渋滞を避けたケース，また民家の 2 階に避難して助かったケースが報告されている．素早い避難の奨励だけでは問題は解決できず，避難場所やルートなど，避難行動に関して抜本的で効果的な検討を行う必要がある．

今後，たとえこの場所が津波防災の第1種区域に指定され住宅などの建築が制限されても，石巻港など周辺にある事業所に通う人々がおり，また県道247号線を利用する多くの人々がいる限り緊急避難の問題は避けて通れない。少なくとも頑丈な津波避難タワーなど安全のための施設整備や交通渋滞の解消がぜひ必要であると考える。いずれにせよ，今回の犠牲者を多数出した過程の問題を科学的に正確に理解した後，今後の防災計画にどう生かすか行政は十分に検討して対策をとる必要があるように思える。

〈文献〉

阿部博史・NHK スペシャル「震災ビッグデータ」製作班編（2014）震災ビッグデータ，NHK 出版，114p.
五野井盛夫（2012）東日本大震災における地理空間情報の復興計画への活用紹介，国土地理院，防災地理空間情報活用シンポジウム.
河北新報（2011）東松島市を襲った大津波の証言，間一髪で民家2階へ，10m 以上の黒い波が迫る，http://memory.ever.jp/tsunami/shogen_higasi-matusima.html.
国土交通省（2011）東日本大震災の津波被災現況調査結果（第2次報告），http://www.mlit.go.jp/common/000168249.pdf.
宮城県（2012）東日本大震災における学校の対応―東松島市立大曲小学校―，1–6.

1.11　東松島市浜市地区（浜市小学校・石上神社・落堀）　谷口宏充

【見学と学習の主題】
　3.11 津波による大規模浸食痕，地区を襲った昔の津波の記憶
【災害遺産（所在地住所，緯度経度）】
　浜市小学校（東松島市浜市字新田81，38°23′23.88″N，141°10′36.38″E）
　石上神社（東松島市浜市字東浮足90，38°23′04.11″N，141°10′34.19″E）
　防潮堤落堀（東松島市浜市須賀松，38°22′53.17″N，141°11′00.79″E）
【交通】
　JR 仙石線陸前小野駅下車，浜市小学校まで徒歩約1 km
　車利用が便利

◆浜市地区の概要

　浜市地区は西を鳴瀬川によって野蒜(のびる)地区と隔てられ，東は牛網地区に隣接し，北に 1～2 km ばかり行くと標高数十 m の旭山丘陵と呼ばれる高台に，南は石巻湾に，その間は標高が数 m 以下の平坦な低地となっている（図 1.37）。図に示すように，ここには海岸に平行に標高 3 m 程度の高まりと 1 m 以下の低地とが交互に配列しているのが見られる。高まりを浜堤(ひんてい)と呼び，海からの波によって移動してきた砂や礫が堆積してできる低い峰のことである。その間の低い土地を堤間湿地と呼ぶ。昔から，これらの土地の特徴を生かし，堤間湿地には水田がつくられ運河が掘られ，相対的に高く水に浸かりにくい浜堤には道路や住宅がつくられていた。津波が襲来すると海水に覆われ，堤間湿地では水が引いた後も堆積物が溜まる（津波堆積物）傾向がある。そのため，この場所を発掘して調査すると，大昔からの地震と津波の歴史を知ることができる。また

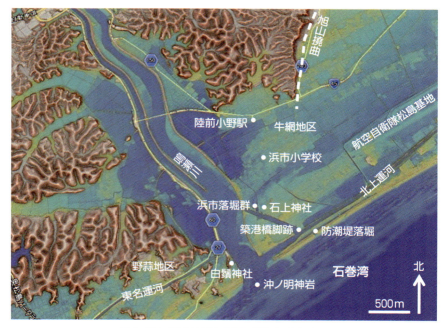

図 1.37　浜市地区と周辺の詳細標高段彩図
青色：-1m，水色：+1m，黄色：+3m，赤色（赤色立体地図）：+5m 以上。

2003年7月26日，当地周辺（旧鳴瀬町，旧矢本町，旧河南町）を震源として連続的に最大震度6弱を超える直下型地震が一日のうちに3回も発生した。本震はM6.4であった。これを宮城県北部連続地震と呼び，少なからぬ家屋倒壊や負傷者を出した。この地震の震源として高台の裾を南北に走る旭山撓曲（とうきょく）（図1.37）が疑われたが，後に，やはり近くにある須江断層であることがわかった。この地震からあまり時間が経過しない8年目の2011年3月11日，今度は海溝型の巨大地震"東北地方太平洋沖地震"が発生し，多数の犠牲者や家屋の損壊などを出すことになった。この地域は短い期間にタイプの異なる大きな地震に相次いで襲われることになったのである。

◆浜市地区での出来事

東北地方太平洋沖地震による大津波は浜市の海岸では5m以上の高さがあり，海から2km以上の内陸部まで冠水し，広い範囲で2～3mの深さの浸水を記録した。また鳴瀬川沿いに遡上した津波によっても4.5kmほど内陸部にまで被害が出た。その結果，犠牲者数は55名，死亡率は約12％を記録した（谷，2012）。

ではこのような状況のなかで，地区ではどのようなことが起きていたのか見てみよう。まず東松島市立浜市小学校である。指定避難所となっていた同校は海から約1.2km，鳴瀬川からは約1km離れ，海抜高度約4mの浜堤の上に位置している。地震による停電時も車に搭載したテレビで大津波警報を知り，校内の児童ら約400人を素早く3階以上に避難させた。午後3時40分ごろ津波は2階への階段にまで達したが，児童らは全員無事であった。被災時の対応としては停電時の情報収集とより高い階への素早い退避という点でスムーズに行われたが，屋上へ出るための鍵の保管，避難時の食料や寒さ対策などで課題を残したと自ら指摘している。しかし必ずしもマニュアルにとらわれない"臨機応変で正確な対応の実施"という点で大いに見習うべきところがあるように思われる。

次に無人の社である石上神社について見てみよう。石上神社は海岸から約

図 1.38　津波で流されて残った石上神社の台座（左）と沖ノ明神岩（右）

800 m，標高は 1～2 m 程度であり，東北方向に延びる堤間湿地に位置している。ここに 4 m 程度の高さの大津波が押し寄せ，社殿や鎮守の森などは大きく破壊され流出した。石上神社は 885 年にどこからか移されてきたものだが，ご神体は鳴瀬川河口にある沖の岩と呼ぶ岩礁にあるとされ，それはいまの沖ノ明神岩と考えられている。ここには猿田彦命が祀られている。同じ沖ノ明神岩をご神体として，鳴瀬川の対岸には白鬚神社がある。伝説によると，沖の明神岩に昔から繰り返し社殿をつくろうとしたが激しい波によって破壊され，そのため白鬚神社はいまから約 400 年前，当地に移された。約 400 年前とは，1611 年 12 月の慶長三陸地震津波の時期にも重なり，この津波に原因があるのかもしれない。2011 年 3 月 11 日の大津波は 400 年前に移ったこの地をも襲い，神社は再び新たな安住の地に移ることになった。地質図によると沖ノ明神岩は 2000 万年～1500 万年前の中新世の流紋岩質大規模火砕流堆積物の一部とされ，硬い部分だけが海蝕から生き残った岩礁である。

◆災害遺産は何を語っているのか

　石上神社は大津波によって破壊されたばかりでなく，周辺の土地には多くの池を残し（図 1.37 の浜市落堀群），また社の周辺には多量の貝混じりの砂層（津波堆積物）を残していった。このような池はどのようにしてできたのであろうか。津波により陸上に流れ込んだ多量の海水が海に戻るとき水路としてガ

図 1.39　浜市防潮堤落堀とその詳細標高段彩図

リー，河川や低地を利用する。多量の水が狭い場所を通って短時間で海に戻るため，流量や速度は大きく，強い浸食力が働き，土地には窪地が形成される。この一帯では少なくとも 10 か所の窪地が形成されている。このような窪地は洪水によっても形成され，窪地に水が残り池となっているものを落堀と呼び，水がない場合は旧落堀と呼んでいる。一般に大規模な自然災害が発生すると，それがどのようにして発生するのか科学的な説明が求められる。その災害から今後どのようにして身を守るかを多くの人々に理解してもらうため，災害の代表的な地形や地層を保存しておく。噴火活動の場合には昭和新山などの凸の地形や普賢岳の火砕流堆積物の保存が，地震の場合には 1891 年濃尾地震の際の根尾谷断層や阪神淡路大震災の際の野島断層のような食い違い地形が典型的である。このような地形などに対して津波が残すのは津波堆積物や，とくに引き波の浸食力による凹の地形であろう。陸上に浸入した海水が海に戻るとき，ガリーや河川を利用しやすく，あるいは防潮堤に破損箇所などがあるとき，防潮堤陸側に沿って海水は集中して流れ，破損箇所を通って海に戻っていく。そのため浜市では防潮堤に沿って浸食が進み大きな落堀（浜市防潮堤落堀）がつくられた。ここでは震災以前から防潮堤を切って小道がつくられており，その小道を利用して海水は海に戻っていったため，防潮堤に沿って浸食による堀が形

成された。今回の大津波では，このような浸食地形が特徴的に形成された。津波による前例で残されているものは知られておらず，極めて貴重な現象である。これらの地形や地層の特徴ばかりでなく，一帯は津波の科学や歴史を学び，それらを通して津波防災を考えるうえでは極めて貴重な特別天然記念物級の場所であると考える。

〈文献〉

朝日新聞（2011）〈学びと震災〉先生ら機転　犠牲者ゼロ　宮城県東松島・浜市小, http://www.asahi.com/edu/student/news/TKY201105090120.html.
宮城県神社庁, 石上神社, http://www.miyagi-jinjacho.or.jp/jinja-search/detail.php?code=310030738.
谷謙二（2012）小地域別にみた東日本大震災被災地における死亡者および死亡率の分布，埼玉大学教育学部地理学研究報告，32，1-26.

1.12　東松島市野蒜地区（野蒜駅・野蒜小学校・不老園）谷口宏充・菅原大助

【見学と学習の主題】
　津波からの避難問題を考える —身近な地形の知識が身を守る
【災害遺産（所在地住所，緯度経度）】
　仙石線旧野蒜駅（東松島市野蒜字北余景 84, 38°22′29.90″N, 141°09′36.45″E）
　野蒜小体育館跡地（東松島市野蒜亀岡 80, 38°22′30.98″N, 141°09′08.74″E）
　不老園跡地（東松島市大塚長浜 269, 38°22′04.14″N, 141°08′15.95″E）
【交通】
　JR 仙石線野蒜駅下車，徒歩約 1.5 km（旧野蒜駅まで）
　車利用が便利

◆東松島市・野蒜地区の概要

　東松島市は東を海岸平野が発達する石巻湾に，西を多島海である松島湾に囲まれ，北西からは小高い松島丘陵が海に向かって突き出た自然豊かな土地にある。松島湾と石巻湾との境となっている野蒜一帯は，海流によって運ばれてき

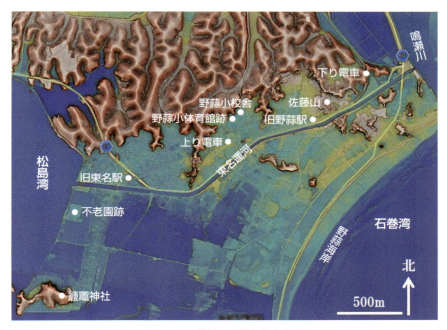

図 1.40　野蒜地区の詳細標高段彩図
青色：−1m，水色：+1m，黄色：+3m，赤色（赤色立体地図）：+5m 以上。

た砂が堆積して形成された新しい大地である。ここは標高が低く平坦という特徴を生かして昔から塩田や水田として使われてきたが，この特徴が 3.11 津波の際，大きな被害をもたらす一つの原因になった。一方，多くの島々によって守られ波の穏やかな松島湾側では，縄文の昔から人々が住み魚貝をとり，狩りをして，豊かで平和な生活を送っていた。しかし意外なことに，東松島の陸地には旭山撓曲や須江断層などの活断層が，沖合には日本海溝があり，時には大地震や大津波が生活を脅かす危険が潜む土地でもあった。あの美しく平和な松島湾が，背後の"利府−長町断層による大地震と大規模地滑りによって生まれた"という仮説を提唱する研究者さえいる。2003 年 7 月 26 日に現在の東松島市である旧鳴瀬町や旧矢本町を一日のうちに 3 度も襲った震度 6 弱を超える直下型地震，そして 2011 年 3 月 11 日の震度 6 強，多数の犠牲者を出した東北地方太平洋沖地震がそれらの最近の代表例である。同様の災害は 3.11 ばかり

でなく，少なくとも 3500 年昔の縄文時代の大津波，869 年の貞観津波，1611 年の慶長三陸津波，1960 年のチリ地震津波などによるものが地層中に，遺跡として，伝承として，文書として東松島には残されている。縄文時代の大津波による被害者なのではないかという遺骸さえ東松島市宮戸島では発見されている。ごく最近では東日本大震災後の 2016 年 11 月 22 日，福島県沖を震源とした M 7.4 の地震によって津波が発生し，宮戸島には 2 m 以上の高さの津波が押し寄せた。人々はすっかり忘れているかもしれないが，三陸海岸と同様に，ここにも大昔から津波が繰り返し押し寄せていたのである。

　東松島市の震災前人口は約 4 万 3000 人であったが，震災を境にして落ち込み，2014 年 5 月には約 4 万人となっている。東日本大震災の津波によって同市では全面積のうち約 37 km^2（約 36％）が海水によって覆われ，1134 名の犠牲者（約 2.6％）を出した。同市の年齢別人口構成は 2013 年 3 月 31 日時点で 65 歳以上が約 24％ の高齢化社会である。産業としては水産業と農業が主力であり，牡蠣や海苔などを特産品とするが津波によって大きな被害を受けた。隣の松島町と違ってあまり観光面が強いとは言えず，災害遺産を活用した教育旅行に基づく地域振興が考えられるのではないだろうか。

◆野蒜地区での出来事

　2011 年 3 月 11 日 14 時 46 分，東松島市の東南東約 150 km，深さ約 24 km の三陸沖海底を震源として発生した東北地方太平洋沖地震は同市で震度 6 強を記録した。この地震によって発生した大津波は約 1 時間後の 15 時 47 分ごろ野蒜海岸に到達し，約 10 m の波の高さが記録された。図 1.41 は野蒜海岸から上陸した大津波が野蒜地区を通過する際の数値シミュレーションを示している。上陸後，津波は約 7 分かけて地区を西方に横断していった。津波の速度は東名運河の南側で大きく，水に浸かった深さ（浸水深）も深く，そのため破壊力は強い。その結果，運河の南側地域ではほとんどの建物が全壊流出した。図 1.41 の右図に示されているとおり，津波は野蒜海岸から平坦で標高の低い運河の南側を速い速度で進んでいくと同時に，運河を横切って北の山方向にも向か

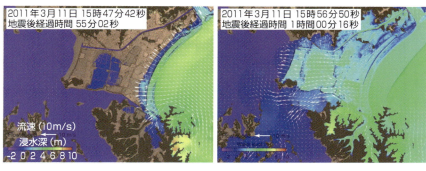

図 1.41 野蒜地区を通過する3.11津波の数値シミュレーション（谷口・菅原・田中, 2015）

っていった。このような津波の進行に伴って地区の各地ではどのような出来事が起きていたのであろうか？

まず野蒜駅（図 1.40）から見てみよう。駅は仙台市と石巻市とを結ぶJR仙石線で最も津波による被害を受けた場所に位置している。地震当時，この駅を同じ午後2時46分に出発したあお

図 1.42 下り電車の停車と津波の位置関係

ば通行きの上り電車と石巻行きの下り電車がその明暗を分けた。ともに一時，行方不明と報じられた。野蒜駅を出発した下り電車はすぐ地震に遭遇し，緊急停車した。車掌は津波に備え乗客を電車から降ろし，最寄りの指定避難所である野蒜小学校へ避難させようとした。しかし元消防団員だった一乗客の助言で，停車位置は高台で地形障壁もあり（図 1.42）比較的安全であることを知り，ここに96名の乗客ごと電車を留まらせた。ほとんど情報のない雪の降る寒い一晩であったが，暖房や食なども工夫して翌日全員無事に脱出した。津波は地形障壁を隔てて約20 mの場所まで押し寄せていた。冷静な判断と協力の重要性を物語っていると同時に，自分たちがいる場所の正確な地形情報が皆の

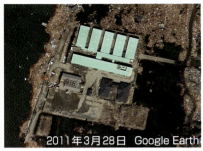

図 1.43　震災直後の野蒜小学校体育館（左）と不老園（右）

命を守ったことになる。一方，上り電車は野蒜駅を出て約 800 m の位置で地震に遭遇し緊急停車した。津波から逃れようと乗客ら約 50 名は電車から降り，緊急マニュアルに従って約 400 m 離れた指定避難所の野蒜小学校に向かった。しかし乗客の避難した野蒜小体育館は津波に襲われ，他の避難者とともに乗客のなかからも数名の犠牲者が出た。電車はその後，津波によって脱線し，くの字型に折れ曲がり，津波による衝撃の激しさを物語っていた。

　野蒜駅の西側に位置する仙石線東名駅も津波によって大きく破壊された。それに対し東名駅からさらに西側の陸前大塚駅や陸前富山駅は，海からの距離がわずか数十 m，標高も数 m 程度であり，津波に対して極めて弱いと思われるが，実際の被災程度は小さかった。なぜなのだろうか？ この地域ではその東南東方向に津波の発生源があり，そのため津波は西進して野蒜海岸に到達した。上陸後，津波は南東側に広がる陸地ではあるが水田や塩田跡となっていた平坦な低地帯を通って西進し（図 1.41），勢力のあまり衰えないまま野蒜駅や東名駅を襲った。それに対し大塚駅や富山駅では，多島海であるために島々によって勢力が弱められて松島湾を北上した弱い津波によってのみ被災したため，あまり被害は受けなかった。津波の発生位置，陸上地形や建物の配置などによっても左右されるため，津波の来る方向や強さは必ずしも直感的に予想されるものと同じとは限らない。ぜひとも注意が必要である。

◆災害遺産は何を語っているのか

　東松島市野蒜地区は津波により 460 名以上の犠牲者が出た。大川小学校のある石巻市釜谷地区や名取市閖上地区などと並んで，宮城県内において死亡率が 12% 以上（谷，2012）と最も高い地域の一つである。野蒜地区ではなぜこれほどまでに多くの犠牲者が出たのか，また，それを防ぐにはどのような条件や避難方法があったのか考えてみよう。図 1.44 は東松島市において発見された遺体の分布を示している。棒グラフの配置地点は発見された遺体の登録地点であり，棒の高さはその地点およびその周辺で発見された遺体の数を表している。この図から明らかなように，東松島市では野蒜地区と大曲地区でとくに多くの犠牲者が発見されており，その間の浜市地区では少ない。犠牲者の多い野蒜と大曲の両地区では何があったのだろうか？

　野蒜地区ではとりわけ野蒜小学校と不老園で犠牲者が多い。東名駅の近くにあった不老園は宮城県内で最多の犠牲者を出した高齢者福祉施設である。津波

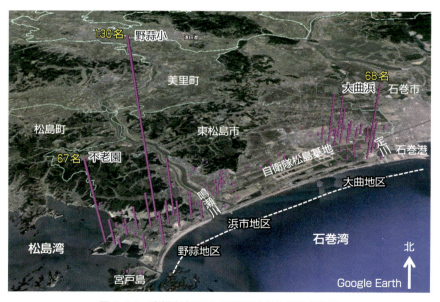

図 1.44　東松島市において発見された遺体の分布
（収容遺体数は 1066 体）

は予想していた目の前の海からではなく，背後の水田側から襲ってきた。特養やデイサービスなども併設されており，利用者から66名，職員からも11名もの犠牲者を出した。とくに多かったのは特養で，入所者59名のうち，車で避難中に木にひっかかった3名のみが助かった。入所者の多くは寝たきりか，車椅子を利用するお年寄りであった。施設には100名近い利用者がいたが，職員数や輸送用車の台数も限られ，さらに車で避難中には交通渋滞にも遭遇し，全員の速やかな避難は困難な状況にあった。不老園で犠牲者が多かった理由については，入所者が自力では動けず緊急避難が難しかったこと，同時に，施設の立地に問題があったことは明らかである。同じような高齢者福祉施設と立地で，宮城県内では気仙沼市の「リバーサイド春園」，南三陸町の「慈恵園」，名取市の「うらやす」や山元町の「梅香園」などで多数の入所者と職員が亡くなっている。このような悲劇から得られる今後への教訓は，高齢者や入院患者など災害弱者の施設の立地としては，高台にせよRC建物にせよ，わざわざ外部に避難しなくても十分な高さが最初から確保できることが必須条件と言えよう。さらに言えば"海の見える場所"というのが付帯条件として必要かもしれない。被災地で住民と話をしていると，子供時代から海に慣れ親しんできた海辺の人々にとって，"海が見える"という条件は非沿岸地域の人々が想像する以上に重要なポイントのように思える。

次に不老園を含めて，野蒜地域での避難行動について考えてみよう。図1.45は野蒜小学校とその周辺で発見された遺体の生前住所を示している。野蒜小学校のすぐ近くばかりでなく，野蒜地区外や東松島市外に住所を有する方も数十名おられた。偶然その時点で小学校付

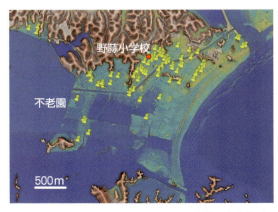

図1.45　野蒜小と周辺で発見された遺体の生前住所

近に居合わせたというよりは，比較的わかりやすい場所にある指定避難所であるため，多くの人は意識的に車などで避難して来たものと考えられる．その判断は生存者の証言や学校周辺に多量の放置車両があったことからも裏付けられている．次に住民が多く，検討のための必要情報も整っている東名運河北側に焦点を絞り，その犠牲者数について考えてみよう．国土交通省による調査によれば，東日本大震災時の津波浸水深と死亡率との平均的な関係は，浸水深 4 m のとき死亡率は約 7%，浸水深 2 m のときには死亡率約 2% とされている．対象地域における 2010 年 10 月 1 日時点での人口は 2371 人であり，実測やシミュレーションに基づく浸水深は 2〜4 m 程度であった．そのため対象地域内の犠牲者数は 47〜166 人と推算されるが，実際に発見された遺体は 268 人であり，東日本大震災の平均としての推算値よりは有意に大きい．同じ東日本大震災時の，同じ浸水深の平均値を用いているのに，なぜこの地域では異常なほどの犠牲者が出たのであろうか？　それは推算のもとになる人口として，この地区を目指し避難して来た多くの人々を加えた"一時的人口"を用いなかったことに起因するのであろう．言い換えると"安全でない避難所に住民などを誘導したこと"が犠牲者数を拡大したと言える．結果論ではあるが，避難所の指定には科学的にも十分な裏付けを有する慎重な検討が必要であることを示している．

　次に，不老園を例にして避難経路について考えてみよう．野蒜小学校に登録された犠牲者のうち不老園に住所を持つ人は 7 名，車で避難中に津波に襲われ亡くなった不老園関係者は 20 名，助かった人は 3 名であった．したがって，これら 30 名の関係者が野蒜小学校に避難しようとしたわけだが，どのような経路をとろうとし，そこにはどのような問題があったのだろうか？　図 1.46 には不老園からの緊急避難場所と避難経路を検討するための詳細標高段彩図を示している．図の作成には国土地理院による震災直後のレーザ測量による数値標高モデル（DEM）を用いており，震災時の精密な地形を反映している．地図は標高によって色分けされた段彩図となっているが，赤系統は赤色立体地図であり，それだけで立体感が得られるようにつくられている．また山腹斜面の勾配も直感的に把握できるようになっており，そのため山の斜面へのアクセスが可

図 1.46　不老園からの緊急避難場所と避難経路の検討図
青色：−1m，水色：+1m，緑色：+5m，黄色：+10m，赤系：+15m 以上。

能かどうかも判断できる．地図に基づくと震災時，東名運河の南側の多くの場所は海抜 0m 地帯になっていたことがわかる．黒破線は野蒜小への予定されていた避難経路を示している．経路は津波の襲来方向にわざわざ進んでおり，津波の進行がより早く水が溢れやすく，対岸への橋も壊れやすい水路沿いであることも危険性を増している．また経路の周辺はいったん海水が入ると実質的に海と化し，避難はもとより救援も困難な状況に陥ってしまう．このような理由から避難経路として望ましいとは言えず，実際に犠牲者が出たのである．

　ではどのような避難行動が良かったのであろうか？　避難の際に最も重要なことは津波を避け，当面まずは自らの命を守ることである．そのためには周辺の RC 造りの建物や地形を活用して，適切な緊急避難場所を見つけることが重要である．津波の高さの想定が間違っても，連続してより高所に逃れることが可能な場所がふさわしい．当時の防災無線などによると，まず津波の高さとして 3m，つぎに 6m，そして最後に 10m の津波が警告された．つまり，残された時間内に到達でき，アクセスが可能で，連続して 10m 以上の地点にまで避難できる場所を選べばよい．以上のような条件で緊急避難場所としてふさわしいと判断される地点を選ぶと図 1.46 の赤点で示した場所になる．このなかでも県道 27 号線上の赤星印と赤破線は最も近くて，かつ安全な緊急避難場所と

避難経路と考えられる．道路には地震で段差が出現していたが，実際に避難した人も多かった．さらに他の印のところへも多くの人が車で逃げ，周辺で犠牲者はほとんど発見されなかったことから，自然地形を活用した方法の有効性が示されたと考えている．このように自然地形を活用し，事前に避難所を準備した取り組みが地元の佐藤善文氏によって行われていた．図 1.40 に示した"佐藤山"がそれであり，3.11 のときには実際に使用され約 70 名の命が救われた．

謝辞　東松島市役所の五野井盛夫氏には，被災状況に関する情報を提供していただきました．心から感謝いたします．

〈文献〉

五野井盛夫（2012）東日本大震災における地理空間情報の復興計画への活用紹介，防災地理空間情報活用シンポジウム，G 空間 EXPO2012．
内閣府（2015）指定緊急避難場所・指定避難所，平成 27 年版防災白書．
NHK 総合（2013）宮城県東松島市 〜指定避難所を襲った大津波〜，証言記録東日本大震災，17，NHK エンタープライズ．
NHK 総合（2016）宮城県東松島市 〜二本の列車　明暗を分けた停止位置〜，証言記録東日本大震災，56，NHK エンタープライズ．
島田英介・NHK スペシャル取材班（2017）大避難　何が生死を分けるのか，NHK 出版新書．
谷謙二（2012）小地域別にみた東日本大震災被災地における死亡者および死亡率の分布，埼玉大学教育学部地理学研究報告，32，1–26．
谷口宏充・菅原大助・田中倫久（2015）自然災害からの避難行動を考える 〜宮城県東松島市における 3.11 津波による人命損失を例に〜，日本火山学会秋季大会．

1.13　塩釜市海岸通地区（千賀の浦緑地）　　谷口宏充

【見学と学習の主題】
　奈良時代からの港町"塩竈"を襲う津波と古地理
【災害遺産（所在地住所，緯度経度）】
　千賀の浦緑地（塩釜市海岸通 13，38°19′9.91″N，141°1′29.99″E）
【交通】
　JR 仙石線本塩釜駅下車，徒歩約 5 分

◆塩釜市海岸通地区の概要

　千賀の浦緑地とは塩釜市海岸通にあり，古代陸奥国の国府多賀城の外港があった海の名称（千賀の浦）に由来した公園である。緑地では松島湾の美しい景色や塩釜の産業の一端が遠望でき，同時に，東日本大震災による犠牲者慰霊のモニュメントも置かれており慰霊することができる。

　塩釜市は仙台市と松島町とのほぼ中間に位置する古くからの港町であり，その東部は島々が点在する松島湾を経て太平洋に続き，北部は利府町・松島町に，南部は多賀城市・七ヶ浜町に接する。図 1.47 には塩釜の中心市街地の詳細標高段彩図を示している。図に示した赤色系の部分は標高が 5～70 m 程度の丘陵であり，主として約 2000 万年前中新世の堆積岩や火山岩から構成され，その他の 5 m 以下の低地は約 1.2 万年前以降完新世の堆積物や人工埋め立て地

図 1.47　塩釜市中心市街の詳細標高段彩図
　　青色：-1m，水色：+1m，黄色：+3m，赤色（赤色立体地図）：+5m 以上，
　　黒破線：3.11 津波浸水域境界線。

となっている．図から明らかなように，もし海水面があと数mも上昇していれば湾が複雑に入り込んだ典型的なリアス海岸となっていた．

塩釜市は弘仁11年（820年）ごろにまで歴史をさかのぼる陸奥国一宮である塩釜神社の門前町として栄えてきた．塩釜市の人口は震災1年前の2010年には約5万6500人であったが，震災後の2015年には約5万4200人まで減少している．同市への交通は，仙台駅から本塩釜駅までJR仙石線で30分以内と近く，そのため仙台市のベッドタウンともなっている．同時に千賀の浦周辺は塩釜港として漁業や海運業が盛んであり，近年では新たに開発された仙台港と合体して仙台塩釜港となって，国際拠点港湾として国際海上輸送網の拠点ともなっている．同市における地場産業としてはマグロ業を代表とする漁業や蒲鉾など魚肉練り製品製造の水産関係が主要であり，寿司や海鮮丼などの飲食業，松島町と同様に松島湾を遊覧する観光業も盛んである．

◆海岸通地区での出来事

2011年3月11日14時46分，塩釜市の東南東約165 km，深さ約24 kmの三陸沖海底を震源として発生した東北地方太平洋沖地震は同市で震度6強を記録した．この地震によって発生した大津波は約1時間10分後の16時ごろ港に到達し，約4 mの波の高さが記録された．図1.48左には防潮堤を越えて千賀の浦緑地や国道45号線バイパスに流れ込む津波の様子を示している．この

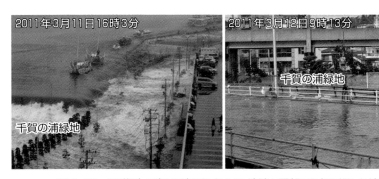

図1.48　国道バイパスに流れ込む3.11津波と翌朝にも繰り返した津波

図 1.49　海岸通の路地を流される車（左）と車インブリケーションや砂利堆積（右）の様子

　津波は繰り返し押し寄せ，最初の到達から 17 時間過ぎた翌 12 日の朝 9 時過ぎにも，新たな津波がバイパスや緑地を襲っていた（図 1.48 右）。入り込んだ津波は浸水した海水の深さ（浸水深）や流速に応じて，家屋の破壊流出や車を押し流すなどの被害を与えていた（図 1.49）。図に示した写真の場所の浸水深は 1.8 m 程度であったが，水が引くと泥の混じった海水の水溜りが道路に残り，そこにはボラなどの海水魚が苦しそうに泳いでいた。また河原の平たい石が水流によって積み重なって屋根瓦のような配列をしてできるインブリケーション（覆瓦状構造）が，ここでは車の重なり（図 1.49 右）によって表れていた。川や海など水流の強い場所では，平たい石は平らな面を流れの上流に向かって傾斜して配列するので，大昔の水流の方向などが推定できる。この写真で水は右から左に移動していたことがわかる。右手側に港があり，そこから津波が押し寄せたためである。また写真の駐車場には小石や砂がたくさん散在しているが，このようなものを津波堆積物と呼び，地層のなかの津波堆積物を調べると大昔の津波の歴史や状況を知ることができる。なお，この近くにおいて上陸した津波の速度は，水の流量の少なさや平坦な地形も反映してか他の報告例に比べて遅く，自動車がゆっくり走る程度であった。

　この 3.11 津波によって市内外で 47 名の塩釜市民が犠牲になり，18 名の関連死が認定されている（塩竈市震災記録誌編集委員会，2015）。なお本震災で大津波警報が発令されたのは地震発生 3 分後の 11 日午後 2 時 49 分で，津波注意報に切り替えられたのは 13 日午前 7 時 30 分，そして最終的に注意報も

解除されたのは実に 2 日後の 13 日午後 5 時 58 分であった。

◆災害遺産は何を語っているのか

　ここで塩釜について少し歴史をさかのぼって見てみよう。奈良時代から平安時代にかけて律令国家であった日本では，中央政府のある京都を中心に，政府の意向を全国に行きわたらせ国司が政務を行う施設（国庁）を置く都市として主要地域に国府が築かれていた。国府には国庁のほかにも国分寺や総社などが置かれ，そこは各地における政治的中心都市であるとともに司法・軍事・宗教の中心でもあった。陸奥国の国府は，7 世紀中ごろから 8 世紀初めまでは仙台市太白区の郡山にあったが，724 年ごろ現在の多賀城に移されてきた。多賀城は海から離れており人や物資の積み下ろしをする港がないため，国府の港"国府津（こうづ）"として現在の塩釜市香津町（こうづ）付近に港が設けられ，奈良時代や平安時代中期ごろまではここが主に使用されてきた。当時，京の都からの人や物資の交流は美濃，信濃や上野を経て，陸奥国の名取を通り国府多賀城に至る東山道の陸路と，それ以外に下総，常陸，福島浜通りをとる東海道の陸路や，海路をとって太平洋，千賀の浦を経て上陸し，多賀城に向かうこともあったらしい。この頃，多賀城には蝦夷（えみし）との戦に備え鎮守府が設けられており，戦をするための資材，食糧や兵員の備蓄・輸送もこの港を使用して行われていた。8 世紀終わりごろ坂上田村麻呂が戦をする際も，塩釜から物資や兵を上陸させ，多賀城に集結させていたらしい。平安時代末期に源義経が藤原秀衡を頼って平泉に向かった際も，京都から尾張までは陸路で，その後は船に乗り海路で塩釜に着いたとされている。このように当時，塩釜は港として単に多賀城への魚介類の水揚げ・輸送のためばかりでなく広い地域との交流の中心としても賑わい，そのため香津町には"香津千軒"という言葉も残されているほどである。現在の香津町付近は江戸時代以降の埋め立てもあり，完全に陸化し市街地の一部となっている。しかし大昔には海面は上昇しており（平安海進），船の出入も可能であった。図 1.47 に示すように千賀の浦からは南西方向に塩釜神社麓の江尻と，香津町麓の舟戸に至る Y 字型の沢が走っている。現在，江尻付近は県道 3 号

線が通り，舟戸付近は仙石線や県道 58 号線となっているが，昔はこれらの沢に沿って海が入り込み，入江となり港として機能していたのである。

図 1.50 は東日本大震災の本塩釜駅周辺における津波の様子を示している。3.11 津波は千賀の浦から入り込み，県道 3 号線に沿って江尻に向かい，また途中で香津町のある舟戸に分岐して浸入している。一帯は海と化しており，ビル，看板や流されている車などがなければ，ちょうど奈良時代や平安時代など大昔の港の状況が再現されていたことになる。

図 1.50　千賀の浦から江尻や舟戸に向かって入り込む "海"

地震や火山などの研究者であり随筆家としてもよく知られている寺田寅彦は，1933 年の昭和三陸津波の際，随筆「津浪と人間」のなかで津波防災に関し人間の忘れやすさを嘆くと同時に，次のような感想を残している（寺田，1933）。"しかし困ったことには「自然」は過去の習慣に忠実である。地震や津浪は新思想の流行などには委細かまわず，頑固に，保守的に執念深くやって来るのである。紀元前二十世紀にあったことが紀元二十世紀にも全く同じように行われるのである"。

869 年の貞観津波や 1611 年の慶長三陸津波のとき，塩釜ではどのようなことが起きていたのかはよくわからない。しかし現在御釜神社にある石碑は昔から伝わる「波よけの石」であり（斎藤，2011），どのような波もこの石を越えることはないという話がある。また江尻の先端付近にある浪切不動尊（図 1.51）には海難防止のご利益があり，名称からしていかにも暗示的なように思われる。どちらも今回の 3.11 津波ではその近くまで水は到達したが，越えることはなかった。仙台市若林区の浪分神社や宮城野区の浪切不動堂は過去の大地震や大津波の発生を伝える神社として注目を集めたが（飯沼，2011），塩釜の 2

図 1.51　塩釜市浪切不動尊

例も同様の史実を示しているのではないだろうか。

〈文献〉

飯沼勇義（2011）仙台平野の歴史津波，本田印刷出版部，237p.
押木耿介（2005）鹽竈神社，學生社，改訂新版，222p.
斎藤善之（2011）『奥鹽地名集』から見た多賀城〜塩竈〜松島，みやぎ街道交流会，『奥鹽地名集』講演会＆観月会報告書，2-8，みやぎ街道交流会.
塩竈市震災記録誌編集委員会（2015）東日本大震災 復旧・復興の記録　明日へ，宮城県塩竈市，201p.
寺田寅彦（1933）津浪と人間，136-145，天災と国防，講談社学術文庫，2011 年.
東北歴史博物館（2007）特別展　奥州一宮鹽竈神社，東北歴史博物館・志波彦神社・鹽竈神社，103p.

1.14　塩釜市浦戸地区（寒風沢島など） 菅原大助

【見学と学習の主題】

　日本三景松島を守った天然防潮堤

【災害遺産（所在地住所，緯度経度）】

　寒風沢島ほか（塩釜市浦戸寒風沢，38°19′52.89″N，141°7′26.95″E）

【交通】

　塩釜港から船

◆寒風沢島の概要

　日本三景の一つである松島を擁する松島湾は，北東–南西方向に 10 km，北西–南東方向に 5 km の大きさを持つ内湾で，仙台・石巻湾とは浦戸諸島および宮戸島で隔てられている（図 1.52）。浦戸諸島は塩釜市に属し，有人島の桂島，野々島，朴島，寒風沢島と，大小の無人島からなる。このうち面積が最も大きいのは寒風沢島である。東松島市の宮戸島は浦戸諸島の東隣にあり，野蒜地区との間は橋でつながっている。

　松島湾一帯は標高数十〜数百 m の丘陵による沈水地形である。尾根筋が海面上に現れて多島海を形成し，尾根と尾根の間は溺れ谷による低地となっている。松島の景観と言えば，白い断崖絶壁の島々とその上に繁茂する松である。白い崖をつくっている地層は，2300〜1500 万年前（中新世）の火山活動で海底に堆積した軽石凝灰岩や凝灰角礫岩である。この岩は侵食を受けやすく，波が当たる部分にはノッチと呼ばれる窪みが形成される。このため，湾内には奇岩や断崖絶壁が各所に見られる。

図 1.52　松島湾と寒風沢島

◆寒風沢島の出来事

東日本大震災の津波は松島湾の沿岸も襲ったが，周辺の石巻や仙台と比べれば，被害の程度は小さかった。市街地の建物が多数流出したり，湾内の島々が波を被り，象徴たる松がなぎ倒されたりといった被害は起こっていない。津波後の痕跡調査によると，浦戸諸島と宮戸島での外洋（仙台・石巻

図 1.53　津波後の松島町手樽公園の海岸の様子
位置は図 1.52 を参照。ここでの津波痕跡の高さは東京湾平均海面から約 2.3 m 上であった。

湾）側の津波痕跡高は 7〜9 m 程度であったが，内湾側では 2 m 前後にまで小さくなっている（図 1.53）。松島湾内の津波が低く，被害が小さかった理由は，浦戸諸島と宮戸島が天然の防波堤としての役割を果たし，湾内への影響が大きく抑えられたことが大きな理由の一つであると思われる。仙台湾から松島湾への津波の直接の浸入路は，桂島と塩釜の間の水道の他，浦戸諸島の島々の間の狭い水路に限られる。石巻湾からは，野蒜地区を東から西へ横断した津波が流入したものの，松島湾に達するころには勢いは大幅に弱まる。

津波の影響が小さくなったもう一つの理由として，松島湾内の水深が浅いことも挙げられる。水道（航路）を除くと，湾内の水深は高々 2〜3 m で，岸に近いところは 1 m 程度まで浅くなる。松島湾は津波の挙動の観点からはほぼ陸地であり，浦戸諸島付近がその海岸線に相当すると見ることができる。津波が陸地や極浅い海を進む場合，海底面から受ける摩擦抵抗は大きくなる。浦戸諸島から 5 km「内陸」の松島中心部では，津波の勢いは大きく低下し，湾奥に位置する松島の中心部は，壊滅的な被害を受けることを免れたと考えられる。

逆に，防波堤となった浦戸諸島と宮戸島の外洋側では，大きな被害を受け

る形となった。仙台・石巻湾の他地域と同じく、堤防や建物の破壊、船舶の流出・打ち上げなどが起こり、多くの死者・行方不明者を出した。

松島周辺では、各所で地震による斜面の崩壊が起こった。白い崖をつくる凝灰岩は波にも震動にも弱く、観光名所であった奇岩の一つが地震で崩れたことを伝える報道もあった。東北大学災害科学国際研究所の後藤和久准教授とその共同研究者らは、東日本大震災後の寒風沢島外洋側の水田に、大小数百個の凝灰岩の巨

図1.54 津波後の塩釜市寒風沢島
位置は図1.52を参照。津波によって打ち上げられた多数の巨礫（写真奥の白い岩石）が見られる。周辺には貝殻混じりの海砂が堆積している。

礫（径64 mm以上の礫）と、破壊された防潮堤の残骸が残されていたことを論文で報告した（図1.54）（Goto et al., 2012）。水田には、巨礫と一緒に貝殻混じりの砂も堆積していた。凝灰岩は白い崖が地震で崩れて生じたものであり、津波によって海岸の砂とともに運ばれてきたとみられる。この凝灰岩の水中比重は1.25程度と推定され、津波で容易に動く可能性が高い。

◆寒風沢島の津波石

津波で移動した堆積物のうち、巨礫に相当するものを津波石という。過去の大津波によって打ち上げられたとみられる巨礫は世界中で見つかっており、長さは数十cmから、大きいものでは10 mを超えるものまで知られている。日本国内では、1771年に八重山諸島を襲った明和地震津波など過去の津波によって打ち上げられたサンゴの巨礫がとくに有名で、2013年に国の天然記念物に指定されている。三陸沿岸でも、岩手県大船渡市三陸町などいくつかの場

所で，過去の津波によって打ち上がった津波石が知られている。東北地方太平洋沖地震の津波では，宮古市の摂待地区で，長さ 6 m ほどの巨礫が内陸約 500 m まで運ばれた（Yamada et al., 2014）。

塩釜市による「浦戸村の沿革」という文書によれば，浦戸諸島を含む松島湾一帯の景観は，869 年の貞観地震によって出来たものだという。貞観地震では，多賀城と仙台平野が大津波に襲われたことが，古文書「三代実録」に記されている。このとき，塩釜や浦戸諸島も，東日本大震災と同様に地震・津波の被害を受けたと思われるが，津波堆積物調査により，貞観地震は東北地方太平洋沖地震と同様のメカニズムの海溝型地震であったと考えられており，地震に伴って松島湾の景観が大きく変わるような沈降が生じたとは考えられない。

一方，東北地方太平洋沖地震と同様の強い揺れに見舞われたのであれば，白い崖をつくる軽石凝灰岩や凝灰角礫岩の地層は各所で崩落し，その後襲来した津波により津波石として島に打ち上がっていたと思われる。しかし浦戸諸島では，貞観地震による津波石と疑われる巨礫はこれまでのところ知られていない。地震発生のメカニズムや津波来襲時の状況の違いでそもそも巨礫の移動が起こらなかった可能性の他，人の手による撤去，風化作用による消滅などの可能性も考えられる。

なお，宮戸島大浜では，ボーリング調査により 3100〜1600 年前の地層から，4 または 5 層の砂質津波堆積物が発見された（松本ほか，2014）。宮戸島では他にも，里浜貝塚と室浜貝塚から縄文時代の津波堆積物が見つかっている（菅原，2015）。大浜では，東北地方太平洋沖地震の津波によって砂質津波堆積物が堆積している。仙台湾沿岸に大津波を起こした 869 年の貞観地震や 1611 年の慶長地震でも同様に津波堆積物が形成されたと考えるのが自然ではあるが，調査では該当する年代を示す地層は確認されておらず，耕作などの人為的影響により撹乱を受けたためであると考えられている。

過去に大津波が襲来したことは間違いないにもかかわらず，地層あるいは巨礫として証拠が見つからないことはしばしばありうる。仙台湾沿岸のみならず日本の各地で，過去の地震・津波の情報を少しでも多く読み取るため，網羅的な調査の努力がいまも続いている。

〈文献〉

塩釜市（2012）浦戸村の沿革，https://www.city.shiogama.miyagi.jp/urato/asobu/rekishi/uratomura/enkaku.html.

Goto, K., Sugawara, D., Ikema, S., Miyagi, T. (2012) Sedimentary processes associated with sand and boulder deposits formed by the 2011 Tohoku-oki tsunami at Sabusawa Island, Japan. Sedimentary Geology, 282, 188–198.

Yamada, M., Fujino S., Goto, K. (2014) Deposition of sediments of diverse sizes by the 2011 Tohoku-oki tsunami at Miyako City, Japan. Marine Geology, 358, 67–78.

松本秀明・小林文恵・伊藤晶文・遠藤大希（2014）東松島市宮戸島の谷底堆積物から検出された過去4000年間の津波堆積物，2014年度日本地理学会春季学術大会発表要旨，100163.

菅原弘樹（2015）宮戸島の災害履歴，縄文時の知恵に学ぶ防災とまちづくり，平成26年度縄文村シンポジウム記録集，33p.

時事通信（2011）名勝・松島，崩落被害，特集 東日本大震災・関連情報（2011年3月19日）．

1.15 七ヶ浜町菖蒲田浜地区（鼻節神社・招又） 谷口宏充

【見学と学習の主題】

大津波伝説，避難場所と避難ルートの課題

【災害遺産（所在地住所，緯度経度）】

鼻節神社（宮城郡七ヶ浜町花渕字誰道1，38°17′45.49″N，141°5′6.35″E）

招又（宮城郡七ヶ浜町菖蒲田浜字招又，38°17′2.67″N，141°3′40.53″E）

【交通】

JR仙石線下馬駅下車，七ヶ浜町民バス「ぐるりんこ」，神社まで徒歩約10分 車利用が便利

◆七ヶ浜町菖蒲田浜とその周辺の概要

　七ヶ浜町は宮城県のなかほどにあり，東が太平洋に突き出た半島状の形をしている．図1.55は国土地理院による3.11震災直後の数値標高モデル（DEM）によって作成された菖蒲田浜周辺の詳細標高段彩図を示している．この浜ばかりでなく七ヶ浜町全体に共通して言えることであるが，標高が5m以上の高台は中新世の固めの堆積岩や火山岩によって構成されており，それより低い土地

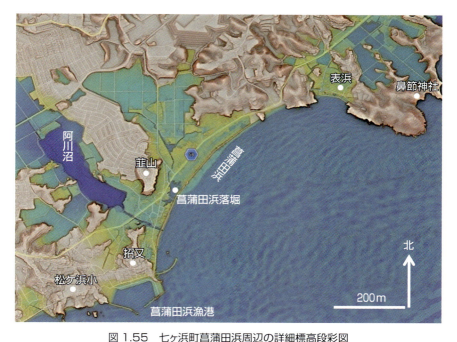

図 1.55　七ヶ浜町菖蒲田浜周辺の詳細標高段彩図
青色：−1m，水色：+1m，黄色：+3m，赤色（赤色立体地図）：+5m 以上。

は土壌や完新世の固結していない海砂などの堆積物となっている．同町の面積は約 13.2 km^2，人口は約 1 万 9000 人の小さな町であり，北〜北西は松島湾や塩釜市に，西は多賀城市に，南は仙台市に接しており，塩釜市や多賀城市との間は貞山運河となっている．町の名称は塩釜市に接する北西のほうから東宮浜，代ヶ崎浜，吉田浜，花渕浜，菖蒲田浜，松ヶ浜，湊浜の順で合計 7 つの海沿い集落があることに由来している．

　同町は仙台市中心部からそれほど遠距離にあるわけではないが，公的な交通機関としては鉄道がなく，バスに頼らざるをえないためか，いま一つ活気に欠けているように思われる．しかしそのぶん海辺の豊かな自然の魅力に溢れており，都心に近い海水浴場や魚釣り，またサーフィンやヨットなどマリンスポーツのメッカとして知られ，とくに菖蒲田浜周辺は有名である．同町の歴史は古く，縄文時代以降の 40 か所以上もの遺跡が点在しており，なかでも大木囲貝

塚は東北地方南部の縄文時代の標式遺跡の一つともなっている。また古くからの神社も多く，七ヶ浜町には少なくとも神社が8社あり，なかでも花渕浜にある鼻節神社は遅くとも770年ごろには創建されており，海上安全の神として多くの人々の信仰を集めてきた。

◆菖蒲田浜地区とその周辺での出来事

2011年3月11日14時46分，七ヶ浜町の東南東約160 km，深さ約24 kmの三陸沖海底を震源として発生した東北地方太平洋沖地震は同町で震度5強を記録した。この地震によって14時49分，6 m程度の高さの大津波警報が発令され，15時14分には予想される津波の高さは10 mに引き上げられた。実際に発生した津波は，まず51分後の15時37分ごろ吉田花渕港で50 cmぐらいの引き波が観測され（宮城県七ヶ浜町，2014），その後15時50分ごろから各浜で押し波が観測されていった。菖蒲田浜には15時51分，浸水高で12.1 mの大津波が到達した。この津波によって各浜では多くの被害を出した。

図1.55に菖蒲田浜落堀と記した −1 m の部分は，震災後しばらくのあいだ水を溜めた池となっていた。防潮堤を乗り越えて幅広く陸に浸入した津波が海に戻るとき，家財や人々などが引き込まれるだけでなく，海水は小河川や破堤箇所に集中し強力な浸食力を発揮する。そのため，そこは削られて水を溜めた溝状の地形が発達し，それらを落堀と呼んでいる。菖蒲田浜ではほぼ南北方向に延びる河川や地形沿いに海水は流れ，浜の防潮堤にできた破れ目を通して海に戻っていった。そのため，ここでは5 m程度の厚さの未固結の地層が剥ぎ取られ，落堀をつくることになった。噴火による特徴的地形は昭和新山に代表される出っ張り地形，地震では淡路島の野島断層に代表される食い違い地形だが，津波ではその浸食力の強大さによる窪み地形が特徴的なのである。

図1.56左には津波によって住宅の基礎だけが残った状況と，慰霊のためのぬいぐるみを示している。上陸した津波による被害は流速も関係するが，計測しやすい浸水深（浸水の深さ）との関係で整理されている。浸水深が2 mを超えると建物に被害が出始め，6 m以上ではほとんどが流されてしまう。津波に

図 1.56　七ヶ浜町とその周辺における 3.11 津波被災状況

よる被害は人命損失，家屋の破壊と流出ばかりでなく，11 日の夕方には湊浜に接した隣の仙台港で石油コンビナートの津波火災と爆発などが発生し，約 5 km 離れた筆者の塩釜の自宅にもその衝撃音が響いてきた。菖蒲田浜地区では最大浸水深 7 m になる大津波に襲われ，34 名の地区住民が津波の犠牲となり（2.6 % の死亡率），全壊 334 を含め計 432 世帯の被害家屋を出し，七ヶ浜町のなかでは最多の被害であった。これらの被害に対して地元消防ばかりでなく自衛隊，各県から派遣された警察官などによって，4 日後の 15 日夕刻ごろまで懸命の捜索と救助活動が続けられ，その後も住民，自治体や国などによって復旧・復興活動が進められていった。

◆ 災害遺産は何を語っているのか

ここでは過去の大津波に関係して残されている伝説と，今回の大津波に関連して起きた出来事との関連について見てみよう。

まず花渕浜にある鼻節神社（図 1.55，図 1.57）である。鼻節神社の祭神は猿田彦命であり，歴史は古く神代の時代にまでさかのぼるとの言い伝えもあるが，遅くとも宝亀元年（770 年）には現在地に建てられていたらしい。平安時代中期に書かれた清少納言の「枕草子」の第 229 段の文章 " 社（やしろ）は，布留の社，生田の社，旅の御社，花ふちの社，… " に出てくる " 花ふちの社 " は当神社を指すものと考えられている。海上安全の守り神として信仰を集めてきた。大

昔，西国より国府多賀城の外港塩釜千賀の浦へ海路で行く際，この神社は位置を知るためのランドマークとされていたらしい。これは中新世の火山噴出物からなる白い崖とその上に建つ神社の赤い建物が海上からもはっきりと見えたためであろう。神社の境内には多くの摂末社があり，そのうちの一つが大根明神であ

図 1.57　鼻節神社

る。大根明神は鼻節神社の奥の院とされ，花渕崎の東方約 7 km 沖合の大根と呼ばれる水深 2 m ぐらいの岩礁にあったとされている。大根明神は 869 年の貞観大地震によって海に沈んだため，現在の場所に移したという言い伝えがある（河北新報，1997）。いまでも大根の海中には，かつて建てられた社の跡が残されていると言われているが，確認されたわけではなさそうである。また国府多賀城を襲った経緯が古文書"日本三代実録"に記されている貞観大津波は，現在の湊浜に河口があった旧砂押川沿いに遡上したと考えられている（飯沼，2011）。東日本大震災でも，湊浜，仙台港や砂押川沿いから上陸した大津波は，貞観大津波のころに生まれた説話で，美しい少女"小佐治"と猩々との交流を描いた"こさじ物語"の舞台となった八幡の街も襲っていた。鼻節神社周辺では，神社の麓にある表浜での遺跡発掘調査（七ヶ浜町教育委員会，2016）によって，火山灰層とその下に細粒の砂の層が見つかっている。これらは未確認ではあるが 915 年の十和田火山大噴火と 869 年の貞観大津波による可能性があり，平安時代にこの地を襲った恐怖の片鱗をうかがわせている。

　次の逸話は 1611 年の慶長三陸津波のときに生まれたとされているもので，菖蒲田浜の招又と韮山に関して残されている。慶長三陸津波は 1611 年 12 月 2 日の午前 10 時～11 時ごろ，3.11 と同じく三陸沖で発生した地震に伴うものである。地震による被害はあまり大きくなかったが，午後 2 時ごろに大津波が押し寄せ大被害を生じた。当時，菖蒲田浜にいた人々は大津波の襲来に気づき，

図 1.58　菖蒲田浜漁港周辺の被災直後の衛星写真と詳細標高段彩図
青色：−1m，水色：+1m，緑色：+5m，黄色：+10m，赤色系（赤色立体地図）：+15m 以上，黒破線：3.11 津波浸水域境界線。

高台である韮山に逃れようとした。しかし，そこは急崖で囲まれ（図 1.58），なかなか登ることができなかった。それを見ていた，より低いけれど登るのが容易な招又に逃れた人々は「こっちさ，早ぐ，来い」と大声で手招きをして知らせたので，この地名が生まれたとのことである。3.11 大津波でも，津波に遭遇している人々に「こちらに早く逃げて来い」と大声で手招きする姿は，塩釜の私の自宅前でも見られたし，被災沿岸のあちこちでも見られた。

　避難場所を選ぶ条件としては高さ，距離と同時にアクセスの容易さも挙げられる。図 1.58 は菖蒲田浜漁港周辺の被災直後の衛星写真と詳細標高段彩図を示している。衛星写真は被災直後なので，冠水の状況や漂流物の散在状況に基づいて，津波によって襲われた地域の概略分布が読み取れる。右側の段彩図は標高ごとに色分けされており，高度分布ばかりでなく，地形の勾配についても知ることができる。地区の地形は最近の宅地開発もあり慶長時代とはかなり変化しているだろうが，全体的な傾向自体はあまり変化していないのではないだろうか。たとえば，韮山の標高は昭和なかごろまでは 42 m であり，その後，宅地開発のため削られ現在は 14 m 程度にまで低くなっているが，海側である東

部と南部では赤色が濃く，勾配がきついことを意味し，現在でも登ることが困難であることを示している．それに対して招又では赤色が薄く白みがかっており，より平坦であることを示している．また，韮山の北西部の現汐見台南団地付近では，阿川沼から北東方向に道を進むと勾配は緩く，容易に連続して 10 m 以上の地点まで避難可能であることが読み取れる．さらに津波の浸水域境界を示す黒破線の分布からわかるように，松ケ浜小や招又近くの海辺では 10 m を超えて津波が到達しているのに対し，海から離れた阿川沼より北の地域では緑色で示された 5 m+ 程度までしか浸水していないことがわかる．大雑把に言えば，津波による浸水域は水平に分布せざるをえない．そのため，たとえば 10 m の高さの津波という警報が出た場合，海沿いの 10 m の等高線以下の土地に津波が到達するので，そこを避けた避難場所やルートを選ぶ必要がある．その点で，ここに示した精密な航空測量による DEM に基づいた詳細標高段彩図は，そのことが容易に読み取れ，今後の津波防災の点ではたいへん重要であると考える．

〈文献〉

太宰幸子（2012）地名は知っていた＜下＞　七ヶ浜～山元津波被災地を歩く，河北新報出版センター，221p．
飯沼勇義（2011）仙台平野の歴史津波，本田印刷出版部，237p．
河北新報（1997）伝説を歩く 12　大根明神，K19970823M15X080．
宮城県七ヶ浜町（2014）東日本大震災 七ヶ浜町 震災記録集，次代への伝承，宮城県七ヶ浜町，199p．
七ヶ浜町教育委員会（2016）七ヶ浜町震災復興事業関連遺跡調査報告 1，150p．

1.16　多賀城市八幡地区（末の松山・沖の石）　　菅原大助

【見学と学習の主題】
　古文書，和歌や伝説に残された過去の大津波と 3.11 大津波
【災害遺産（所在地住所，緯度経度）】
　末の松山（多賀城市八幡 2 丁目 8-28，38°17′16.0″N，141°00′12.3″E）

【交通】

　JR 仙石線多賀城駅から徒歩 8 分

　駐車場あり（宝国寺）

◆ 八幡地区の概要

　多賀城市八幡 2 丁目の宝国寺「末の松山」は，海（仙台港）からは約 2.5 km 離れた場所にある標高約 13 m の丘である（図 1.59）。松島丘陵の南端に位置し，砂押川（市川）によって松島丘陵主部からは切り離されている。この地区周辺の基盤岩は，三畳紀および新第三紀中新世の海成堆積岩などからなる。末の松山の南にある沖の石は，三畳紀の基盤岩の露頭である。三畳系の利府層は砂岩・頁岩からなり，アンモナイトなどの化石を産出することで知られる。新第三系中新統の塩釜層〜大塚層は水中火砕流堆積物などからなり，仙台湾の支湾である松島湾に日本三景「松島」をつくっている。

　末の松山から砂押川を越えて北北西 2.5 km の場所には，奈良〜平安時代の

図 1.59　八幡地区周辺の詳細標高段彩図
青色：-1m，水色：+1m，黄色：+3m，赤色（赤色立体地図）：+5m 以上。

遺跡である国府多賀城跡が，1.4 km には多賀城廃寺跡がある。当時この地域には陸奥国府が置かれ，大和朝廷の勢力が北方の蝦夷と対峙する前線となっていた。多賀城周辺には市川橋遺跡や高崎遺跡，山王遺跡など，古代多賀城の城下の遺跡が見つかっている。

末の松山の東から南にかけては，仙台平野の第 I 浜堤列が走るが，現在では仙台港周辺の大規模開発のため，地形上での判別はできなくなっている。第 I 浜堤列の上には，縄文時代後期から江戸時代にかけての集落跡である沼向遺跡が知られている。沼向遺跡からは，貞観 11（西暦 869）年の津波による砂質堆積物が発見されている。

現在は仙台港の南を流れている七北田川は，往古には多賀城市新田付近から東へ流れ，砂押川と合流しながら現在の七ヶ浜町の湊浜で海へ注いでいたと考えられている。かつての八幡地区は「上千軒，下千軒」と呼ばれるほど多くの商家があり繁盛していたが，あるとき大津波に押し流されて砂原になったという。八幡地区付近まで及んだ歴史上の津波としては，貞観地震によるものと，1611 年の慶長地震によるものが知られている。

◆八幡地区での出来事

東日本大震災の津波は，南東の仙台港方面の他，東方から砂押川を遡上して多賀城市の市街地に押し寄せた。仙台港に近い地区の津波痕跡高は 6～7 m に達したが，末の松山を含む八幡地区での高さは 3～4 m まで低下した。平地部の地盤高は 2～3 m であるので，浸水深は最

図 1.60　八幡地区での津波被災状況
浸水を示す痕跡は，塀の上にある黒いフェンスの上端の高さまで見られた。

大で 2 m 程度であった（図 1.60）。仙台平野では，浸水深が 2 m を超えると木造家屋の被害（流出）確率が急激に上昇したことが知られている。末の松山周辺の浸水深は 2 m 程度であったが，木造家屋であっても流失したものは他地区に比べて少なかった。

多賀城市全体で見ると，海に近い場所であるという意識を持つ人は少なかったようで，避難は遅れがちとなり，とくに市外居住者は死者の半分を占めた。市街地を氾濫する津波は，建物の間の道路を進むことで高さと速さを増す（縮流）など都市部特有の振る舞いを示し，被害拡大の要因となった。

◆末の松山にちなむ伝説と多賀城跡

末の松山は古今和歌集に歌枕として登場する。"きみをおきてあだしこころをわがもたば　すえの松山浪もこえなむ"（あなたを差し置いて他の人に心を移すようなことがもしあったとしたら，波が越えることがないとされている末の松山をさえ，波が越えるでしょう）。

歴史地理学者の吉田東伍は，この歌に関する最初の学術的論考を 1905 年に発表した。末の松山がどこを指すかには諸説があるものの，吉田は多賀城市八幡の末の松山であると特定している。ここで，「末の松山を浪が越える」とは，ありえないことをたとえた表現であり，浪が越えそうで越えないことをもって，のちに多くの歌枕となったと解釈されている。末の松山が津波に飲み込まれたとする歌や解釈もあるが，地形条件を考慮する

図 1.61　末の松山
大木が立つ丘が末の松山である。道路右側のフェンスには，東日本大震災の津波浸水深を示す白い痕跡がうっすらと残っている。

と，周囲を海水に取り囲まれることはあっても，津波が高さ 13 m の丘を乗り越えたことはないように思われる。

多賀城市に伝わる「小佐治物語」は，末の松山と過去の大津波との関係をいまに伝える伝承で，その要旨は以下のとおりである。

"かつて八幡に酒屋があり，一匹の猩々が酒を飲みに来た。小佐治という名の女中が酒を与えると，酒代の何倍もの値打ちのある血を盃に残して立ち去った。酒屋の主人と女房が猩々を殺して金に替えようとたくらむのを聞いた小佐治は，再び訪れた猩々にそのことを知らせたが，猩々はなおも酒を要求し，自分が殺されたら 3 日のうちに大津波が押し寄せるので，末の松山へ逃げるようにと伝えた。酒屋の夫婦は猩々を殺して血をとり，死体を東にある小さな池に投げ入れた。翌日，空が暗くなり，ただごとでない様子に気がついた小佐治が末の松山に上がったところ，大津波が押し寄せ，家も人も船もすべて流され，上千軒，下千軒の八幡の町は砂原と化した。猩々の死体を捨てた池は猩々ヶ池と呼ばれるようになった"

猩々は，赤い顔で酒を好むといわれる中国や仏教の伝説上の動物である。小佐治物語が成立した時期や猩々ヶ池が実在したのかどうかは定かでない。後拾遺和歌集・小倉百人一首の清原元輔（908～990 年）による「契きなかた身に袖をしぼりつゝ末の松山浪越さじとは」の「越さじ」と「小佐治」につながりを指摘する意見があり，貞観津波にちなんで成立した伝説と考えることもできよう。

松島丘陵の上にある多賀城跡からは，南に仙台平野を見渡すことができる。平安時代，多賀城の南には東西・南北の大路・

図 1.62　多賀城跡から見下ろした仙台平野
貞観地震の当時，多賀城の政庁からは南方に仙台平野を見渡すことができたと思われる。

小路によって碁盤目状に区画された街があった。「三代実録」には，貞観地震により城下は大きな被害を受け，その後津波に襲われたと記されている。"原野道路　総為滄溟"（原野も道路もすべて青い海のようになった）との記述は，多賀城のある松島丘陵から津波で水没した仙台平野を見下ろした情景を指すと考えられる。しかし，多賀城跡周辺の遺跡で現在も続けられている発掘調査では，これまでのところ，津波の明白な痕跡は見つかっていない。

〈文献〉

原口強・岩松暉（2011）東日本大震災津波詳細地図，古今書院，167p.

三塚源吾郎（1937）多賀城六百年史，宮城県教育会，126pp.

たがじょう見聞憶，http://tagajo.irides.tohoku.ac.jp/index，2018年10月23日閲覧．

斎野裕彦（2012）仙台平野中北部における弥生時代・平安時代の津波痕跡と集落動態，平成19年度～平成23年度文部科学省私立大学学術高度化推進事業「オープン・リサーチ・センター整備事業」東北地方における環境・生業・技術に関する歴史動態的総合研究　研究成果報告書I，225-257．

渡辺史生（2012）略解題　わが国で初めて「貞観地震」「貞観津波」を歴史地理学的に解析した吉田東伍の研究論文『貞観十一年陸奥府城の震動洪溢』について，阿賀野市立吉田東伍記念博物館研究概報1，12p.

清水大吉郎（2000）「末の松山浪越さじ」とは？，地質ニュース，no.553，63.

1.17　仙台市若林区荒井地区（仙台東部道路避難階段）　菅原大助

【見学と学習の主題】

　津波の地質記録と防災

【災害遺産（所在地住所，緯度経度）】

　仙台東部道路避難階段1

　　（仙台市若林区荒井字藤田地内，38°13′40.3″N，140°57′11.8″E）

　仙台東部道路避難階段2

　　（仙台市若林区荒井字神屋敷西地内，38°13′27.0″N，140°57′06.3″E）

【交通】

　仙台市営地下鉄東西線荒井駅から徒歩26～32分

　　駐車場なし

◆荒井地区周辺の概要

　荒井地区は仙台平野臨海部の田園地帯で，海岸から約 2〜5 km の位置にあり，第 I・II 浜堤列と自然堤防地形の上に住宅地が，堤間湿地と後背湿地に水田が広がっている（図 1.63）。

　仙台平野は，縄文海進以降，阿武隈川をはじめとする大小の河川からの土砂供給と沿岸漂砂によって形成された。平野の標高はおおむね 10 m 以下で，沿岸部はとくに低く，0〜3 m 程度である。平野の上には，浜堤列，自然堤防，堤間湿地，後背湿地といった微地形が発達している。

　浜堤列は，過去の海岸線の位置を示す微地形で，その周辺よりもわずかに標高が大きい。縄文時代は現在よりも温暖で海面が高かったため，仙台平野の海岸線は 5〜8 km 内陸にあったと考えられている。その後の寒冷化で海面が低下すると，海岸線が沖側に少しずつ移動することで，縄文時代と現在の海岸線との間にいくつかの浜堤列が形成されてきた。荒浜地区から荒井地区にかけて

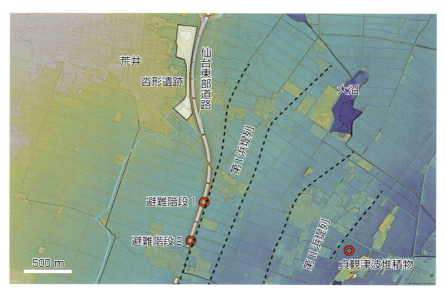

図 1.63　荒井地区周辺の詳細標高段彩図
青色：-1m，水色：+1m，黄色：+3m，赤色（赤色立体地図）：+5m 以上。

は3列の浜堤列がある。海岸線から約3 kmに位置する第I浜堤列は縄文海進直後の約5000〜4500年前に形成された。海岸線から約2 kmの第II浜堤列については2800〜1600年前，海岸から1 km以内の第III浜堤列は1000〜700年前以降に形成されたと考えられている。浜堤列の間は湿地（堤間湿地）で，泥炭質の土壌となっていることから，多くの場所は水田として利用されている。

　自然堤防は，現在あるいは過去の河道（かどう）沿いに分布する微高地で，河川氾濫時に河道の周りに堆積した砂からなる。自然堤防の周りの後背湿地には，洪水堆積物であるシルトや粘土が分布する。浜堤列と自然堤防は砂地盤のため水はけが良く，微高地で洪水による被害を受けにくいことから，古くからの集落が立地するとともに，古代の遺跡・遺構も多く見つかっている。荒井地区では仙台市営地下鉄東西線荒井駅と災害公営住宅の建設に当たって沓形遺跡で調査が行われ，弥生時代の津波堆積物が見つかっている。

◆荒井地区周辺での出来事

　震度6強を観測した仙台市では，建物とライフラインが大きな被害を受けるとともに，埋立地の液状化，造成地の崩壊も相次いだ。荒井地区の周辺でも，液状化によると思われる道路の損壊が生じている。

　地震発生から約70分後，仙台平野に高さ約10 mの津波が到達した。コンピュータシミュレーションによると，津波は約22分で海岸から約4 km内陸まで到達したと推定されている。荒井地区では仙台東部道路が海岸から3〜4 kmの位置にある第I浜堤列に沿うように建設されている。その盛土は標高7〜10 mもあるため，津波を大きくせき止め，勢いを抑える防潮堤のような役割を果たした（図1.64）。しかし，道路が高架となっていた箇所や開口部からは津波が内陸側に浸入し，最終的な浸水域は海岸から約4 km以上に達した。津波で排水施設が破壊された上，地震による広域の地盤沈下もあり，仙台平野では長期にわたって海水が滞留した。津波直後よりポンプによる排水が始められたものの，冠水の解消までには最長で2か月を要した。

　津波浸水域では，多くの人的被害を生じるとともに，家屋の倒壊・流失，車

両の漂流，流木の散乱など多大な物的被害を受けた。また，海岸付近の水田では耕作土が流出するとともに，広範囲にわたって厚さ数 cm～数十 cm の砂が堆積した。

仙台平野では，NHK や海上保安庁など数機のヘリコプターによって津波来襲の模様が映像として克明に記録された。ビデオによる津波の記録は 2004 年インド洋大津波のころから一般的となったが，上空から津波の挙動を詳しく捉えたのはこれが初であろう。仙台市の名取川河口部を遡上する津波が，家屋を破壊し，すべてのものを巻き込みながら内陸に進む様は，津波の圧倒的な力を印象付けるものであった。

図 1.64　仙台東部道路の東側法面の津波被災状況
避難階段 1（図 1.63 参照）付近の様子である。

◆津波の地質記録

津波後の仙台平野には，海浜から運ばれてきた砂や水田耕作土に由来する泥，すなわち津波堆積物が残された。仙台平野の津波堆積物は，海岸付近では厚さ 30 cm 程度の砂で，内陸方向に増減を繰り返しながらしだいに薄く泥がちとなり，内陸 3～4 km まで分布していた。荒井地区では，津波の勢いが強かった大沼周辺まで砂の堆積が及んだ。また，泥は東部道路周辺まで堆積していた。

もし過去において同様の津波が起こっていれば，その痕跡＝津波堆積物が地層中に残されているはずである。津波堆積物は，過去の地震・津波を明らかにするための手がかりとして，30 年以上前から世界各地で調査が行われてきた。仙台平野は，アメリカ西海岸やスコットランドと並び，世界でも最も早い時期から研究が進められてきた地域の一つである。平安時代の歴史書『日本三代実

録』には，貞観 11 年 5 月 26 日（西暦 869 年 7 月 13 日）に仙台平野を襲った地震により，建物が倒壊し地割れが生じたこと，続いて津波が城下（国府多賀城と推定される）に押し寄せ，平野一帯が海のようになったこと，多くの人々（1000 人との記述がある）が逃げる間もなく溺死したことが記されている。貞観地震・津波に関する歴史記録は，三代実録の記事が唯一であるが，1980 年代末から仙台市内で行われた津波堆積物調査は，歴史上の津波の襲来を実証し，浸水域など多くの情報を明らかにしてきた。調査が始まってまもなく，貞観地震に該当する年代の津波堆積物が，海岸から約 4 km 内陸まで分布していることが知られるようになった。また，貞観津波の前にも，少なくとも 2 回の津波が仙台平野を襲っていたことも明らかにされた。2000 年代に入ってからの研究では，仙台湾沿岸全域を対象に，貞観津波の規模や巨大地震・津波の再来間隔を明らかにするための調査が行われた。石巻市から山元町にかけての各地で

貞観津波の堆積物が発見され，貞観津波よりも前に 2〜3 枚の津波堆積物が存在することが明らかにされた。津波堆積物の分布データを踏まえた津波数値シミュレーションも行われ，貞観地震は日本海溝沿いプレート間地震によるもので，M_w（モーメントマグニチュード，161 ページ参照）8.4 以上の規模を持っていたことが推定された。

　貞観津波堆積物の調査と津波数値シミュレーションが示す浸水域の広がりは，当時の海岸線（現在よりも

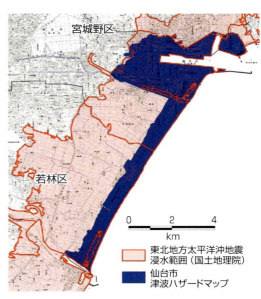

図 1.65　宮城県沖地震の津波ハザードマップと東日本大震災の津波浸水域
「東北地方太平洋沖地震を教訓とした地震・津波対策に関する専門調査会」参考資料より。

1 km 内陸）から 3 km 以上であった。一方，約 37 年間隔で発生してきた宮城県沖地震では，想定される津波の浸水域は海岸付近の数百 m に限られる（図 1.65）。この差が，東日本大震災において甚大な被害を受けた要因の一つとなったといえよう。東日本大震災の津波は，津波堆積物から知られる貞観津波の実態との類似から，「千年に一度の災害」と呼ばれるようになった。地震・津波リスクの評価における津波堆積物データの重要性は格段に高まり，日本各地で調査が進むこととなった。仙台平野の津波堆積物は，東日本大震災の発生によって防災上の役割を終えることはなく，日本海溝沿いの巨大地震・津波の履歴を明らかにするための重要な研究対象であり続けている（図 1.66）。一方，震災後の復旧・復興の過程で東日本大震災の津波堆積物はほぼすべて撤去されている。復興事業では津波堆積物分布域の区画整理・圃場整備も進められ，貞観津波堆積物を含む表層堆積物もさらなる削剥・擾乱を受ける形となった。西暦 3000 年の

図 1.66　産業総合技術研究所による
　　　　貞観津波堆積物掘削の様子
津波堆積物の地層資料は，さまざまな分析のほか，教育啓発の実物資料としても活用される。

仙台平野に人が住んでいるとしても，彼らには約 1000 年前（西暦 2011 年）に巨大地震・津波があったことを津波堆積物によって知る術はないと思われる。2000 年前（西暦 869 年）の津波についても，現在の我々よりも大幅に少ない情報しか得られないであろう。

◆仙台東部道路

　東日本大震災の 2 年ほど前になると，貞観津波に関する調査研究の成果とと

もに，想定宮城県沖地震よりも規模が大きい地震による津波のリスクが，地域行政や住民に認識され始めた．仙台平野沿岸部には，津波からの垂直避難に適した建物はほぼ皆無であったため，若林区道路課の主導により，仙台東部道路を避難用の高台として利用できるよう，署名活動や高速道路会社との交渉が進められた．東日本大震災の発災時には具体化の途中であったものの，津波来襲時には約350人が道路の法面にかけ上がり難を逃れたといわれる．

　盛土された道路が建設当初想定しなかった2つの防災機能（津波の防波堤・避難先の高台）を果たしたことを受け，震災後の復興事業では，仙台東部道路の沿線5か所に避難階段が設置された（図1.67）．また，海岸線に近い道路（県道10号）の移設・嵩上げも進められている（図1.68）．

図1.67　仙台東部道路避難階段
階段の中ほどに見える青いプレートは東日本大震災の津波浸水深の表示．

図1.68　移設・嵩上げ中の宮城県道10号塩釜亘理線
写真右手が海側である．内陸側から海岸の様子を伺うことはできなくなった．

謝辞　菅野猛氏（元若林区道路課）には，東日本大震災以前より，津波避難における仙台東部道路活用の取り組みについての情報提供をはじめとして，多くのご協力をいただきました．心から感謝いたします．

〈文献〉

原口強・岩松暉（2011）東日本大震災津波詳細地図，古今書院，167p.
松本秀明（1984）海岸平野にみられる浜堤列と完新世後期の海水準微変動，地理評，**57A**，720–738.
斎野裕彦（2012）仙台平野中北部における弥生時代・平安時代の津波痕跡と集落動態，平成19年度〜平成23年度文部科学省私立大学学術高度化推進事業「オープン・リサーチ・センター整

備事業」東北地方における環境・生業・技術に関する歴史動態的総合研究 研究成果報告書 I，225-257．
仙台市震災復興本部震災復興室（2011）仙台市震災復興計画概要版，11p.
Sugawara, D. and Goto, K.(2012)Numerical modeling of the 2011 Tohoku-oki tsunami in the offshore and onshore of Sendai Plain, Japan. *Sediment. Geol.*, **282**, 14-26.
中央防災会議 東北地方太平洋沖地震を教訓とした地震・津波対策に関する専門調査会（2011）第1回配付資料，資料 3-2 今回の津波被害の概要．
Sawai, Y., Namegaya, Y., Okamura, Y., Satake, K. and Shishikura, M.（2012）Challenges of anticipating the 2011 Tohoku earthquake and tsunami using coastal geology. *Geophys. Res. Lett.*, **39**, L21309, doi: 10.1029/2012GL053692.

1.18 仙台市若林区霞目地区（浪分神社）　　　菅原大助

【見学と学習の主題】
　津波災害の伝承
【災害遺産（所在地住所，緯度経度）】
　浪分神社（仙台市若林区霞目 2 丁目 15，38°14′08.7″N，140°55′39.3″E）
【交通】
　仙台市営地下鉄東西線薬師堂駅下車，大和町一丁目バス停から仙台市営バス30 系統［霞の目～薬師堂駅］霞の目行で霞の目下車（10 分）
　駐車場なし

◆浪分神社周辺地域の概要

　浪分神社のある仙台市若林区霞目は，仙台市中心部から東へ約 5 km，荒浜地区からは西北西へ約 5 km に位置している。この地区の地形は，約 5000～4500 年前に形成された第 I 浜堤列の陸側の後背湿地と，その奥の自然堤防からなる。後背湿地のほとんどは広大な水田地帯となっている。自然堤防は商工業地や住宅地として利用されている（図 1.69）。
　この地区は，東日本大震災による津波では浸水域の末端となった。津波は仙台東部道路の高架区間や開口部から当地区方面へ浸入した。直接的な浸水は，排水路として整備された大型水路である霞目雨水幹線で止まったものの，津波

は水田や細い水路を伝わって内陸側まで及んだ。しかし，水路外への氾濫はほとんどなく，霞目雨水幹線西側の水田では，営農への影響はほとんど見られなかった（図 1.70）。

図 1.69　浪分神社周辺の詳細標高段彩図
青色：-1m，水色：+1m，黄色：+3m，赤色（赤色立体地図）：+5m 以上，水色のラインは東日本大震災の津波浸水域を示す。

図 1.70　霞目雨水幹線
写真右手が東（海）側，左手が西（陸）側である。水路の東側は津波で荒れたままであるが，西側では水田に稲が作付けされ青々としている。

◆津波災害の伝承

　東日本大震災以降，津波被災地の神社の位置が過去の津波浸水域を示しているのではないかとの指摘がいくつかなされている。地域の人々が集まり，場合によっては避難場所にもなる神社や寺院を，津波や洪水の被害を受けないような場所に置くのは自然な考えであろう。三陸海岸では，津波浸水域を縁取るように高所に神社が分布し，その多くが被害を免れた。一方，仙台平野では，浸水域内に多くの神社があり，流失など大きな被害を受けている。神社の立地や被害の有無は祭神の違いを反映しているらしく，治水や疫病と関係するスサノオノミコトを祀る八坂神社・八雲神社や，熊野神社，八幡神社は津波の被害を受けた例が少ない一方，アマテラスオオミカミを祭る神社や稲荷神社は半数以上が被災したとの調査結果が発表されている。稲荷神社は農地に祀られる身近な存在であり，水田などの低地に分布していたことが，津波の被害を多く受けた原因と考えられている。

　浪分神社は，被災を免れた神社の一つである（図 1.71）。この神社は，その名によって，東日本大震災の前から歴史時代の津波痕跡の候補として知られてきた。社殿は舌状に広がった自然堤防地形の上にあり（図 1.69），現在の海岸線からの距離は 5.5 km，地盤高は約 6 m である。東日本

図 1.71　浪分神社

大震災の津波による浸水は，神社の位置から南東へ 1.5 km の地点に達した。

　「浪分」の由来は，"あるとき大波が押し寄せて多くの溺死者を出したところ，白馬に乗った海神が現れて大波を南北に二分して鎮めたことから，津波鎮撫の霊力信仰が高まったことに因む"と言われている。ところが，この言い伝えが歴史上の津波に対応するかどうか定かとは言えない。社殿裏の小祠には，元禄 16 年（1702 年）8 月 16 日に神社を創建したと刻まれている。当初は稲

荷神社と名付けられ，現在よりも 500 m ほど海側（現在では共同墓地となっている後背湿地と自然堤防の境目）の高さ 2 m ほどの丘の上に置かれていたという（図 1.69）。その後，天保 7 年（1836 年）2 月 12 日に現在地へ移転し，名前を浪分神社に変えたとのことである。なお現在の社殿は，老朽化に伴い昭和 50 年に改築されたものである。

　神社創建以降の年代で，「大波」に対応する津波を起こした可能性のある歴史地震としては，寛政 5 年（1793 年）と天保 6 年（1835 年）の宮城県沖地震が考えられる。寛政 5 年は稲荷神社創建の 91 年後で，浪分神社への名称変更の 43 年前にあたる。このときの津波は岩手〜宮城の沿岸で高さ 2〜5 m とされるが，仙台平野の浸水被害に関する歴史記録は知られていない。天保 6 年は創建の 133 年後で，名称変更の 1 年前である。津波の高さは岩手県大船渡市三陸町の綾里で 2〜3 m，宮城県東松島市の野蒜で 5 m 以上とされるが，やはり仙台平野では浸水の記録はない。寛政地震は M 8.2 の宮城県沖型（連動），天保地震は M 7.4 の宮城県沖型である。これらの地震による断層滑りの範囲と大きさは，2011 年東北地方太平洋沖地震と比べて小さくなるため，津波の波長は短く（海岸での高さも低く），5 km 以上も内陸の浪分神社周辺まで浸水が及ぶ可能性は低い。

　1611 年の慶長津波は地震や津波の実態に不明な部分も多いが，東日本大震災級の巨大地震・津波であったと考えられているため，浪分神社と関連する可能性もある。仙台市宮城野区高砂の郷土誌では，慶長津波の際に波分神社で波が 2 つに分かれたとされている。しかし，神社創建の 200 年以上も前の慶長津波による出来事を，離れた場所でどのように伝えてきたのかという点には疑問が残る。

　「浪分」への改名は，津波よりも洪水との関わりが大きいのではないだろうか。天保 6 年には津波と 2 度の大洪水，冷害も重なって大飢饉が生じたため，現在地に神社を移したと伝えられている。洪水時に後背湿地が冠水すると，元の浪分神社（稲荷神社）が立地する自然堤防は南北の浸水域に挟まれ，水を南北に二分するように見えるだろう。

　東日本大震災後の津波被災地では，過去の津波災害の言い伝えが忘れ去られ

ていたために大きな被害を受けた事例がしばしばあった．逆に，言い伝えを守って難を逃れた例もある．浪分神社のエピソードは，伝説・伝承から過去の出来事を読み取る際，史料に加え，地域の地形を踏まえた考察が必要であることを示している．

〈文献〉

原口強・岩松暉（2011）東日本大震災津波詳細地図，古今書院，167p.
松本秀明（1984）海岸平野にみられる浜堤列と完新世後期の海水準微変動，地理評，**57A**，720–738.
高田知紀・梅津喜美夫・桑子敏雄（2012）東日本大震災の津波被害における神社の祭神とその空間的配置に関する研究，土木学会論文集F6（安全問題），68（2），I_167–I_174.

1.19　仙台市若林区荒浜地区（荒浜小学校）　菅原大助

【見学と学習の主題】
　荒浜地区の歴史津波による被災と引き波による砂浜の切断
【災害遺産（所在地住所，緯度経度）】
　旧荒浜小学校（仙台市若林区荒浜新堀端32-1, 38°13′20.3″N, 140°58′50.8″E）
【交通】
　仙台市営地下鉄東西線荒井駅から仙台市営バス旧荒浜小学校行き終点下車（約15分）

◆荒浜地区の概要

　仙台市中心部の東10 km，荒井地区の東にある荒浜地区は，江戸時代初期1611年の慶長奥州地震のころ，津波で荒れた土地に新田を開発するため，数人の浪人が入植したのが始まりの半農半漁の集落である（図1.72）．地区の居住域は約1100年前以降に形成された第III浜堤列の上にあり，水田は西側の堤間湿地に拓かれていた．砂浜では地引網や定置網漁が盛んで，イワシ，カレイ，赤貝，ホッキ貝など数多くの魚介類を獲っていたという．高度経済成長期以降は新興住宅地として発展し，2010年ごろには約750戸，人口2200人を数

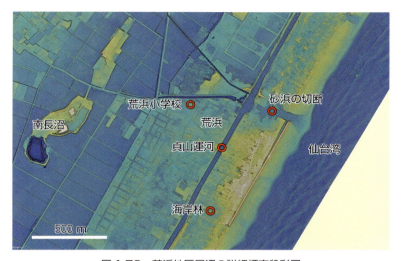

図 1.72　荒浜地区周辺の詳細標高段彩図
青色：−1m，水色：＋1m，黄色：＋3m，赤色（赤色立体地図）：＋5m 以上。

えた。当地区は深沼とも呼ばれ，バス停の名称（深沼海岸）にも使われている。陸地測量部作成の明治 38〜40 年ごろの地形図には，集落の北側に東西方向に細長い沼地が記されている（図 1.73）。その後は埋め立てられたようで，最近まで防潮林や海岸公園の駐車場となっていた。

　仙台湾沿岸には，貞山運河（阿武隈川〜塩釜），東名運河（松島〜鳴瀬川），北上運河（鳴瀬川〜旧北上川）からなる，全長 44 km あまり，日本最大の運河群がある。貞山運河は木曳堀（阿武隈川〜名取川），新堀（名取川〜七北田川），御舟入堀（七北田川〜塩釜）の 3 つからなり，阿武隈川と塩釜をつなぐ。伊達政宗に仕えた土木技術者である川村孫兵衛（重吉）による木曳堀の開鑿は江戸初期とされ，寛永 10 年（1633 年）の絵図にその姿が認められている。これらの運河はかつて，物流や農地の灌漑に使われていた。名取川河口の閖上と七北田川河口の蒲生を結ぶ新堀は当初は曲がりくねった細い水路であったが，明治 3 年〜5 年ごろに現在のような直線的な水路として整備された。新堀の改修は，明治維新で失業した武士を救済するための事業であったといわれている。木曳堀，新堀，御舟入堀はこのころ，仙台を開いた伊達正宗の諡「瑞巌寺殿貞山

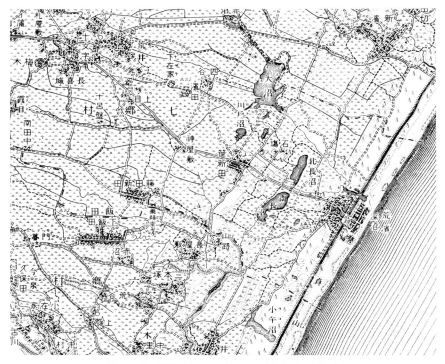

図 1.73　明治 38 〜 40 年ごろの荒浜周辺の地形
大日本帝国陸地測量部による荒浜周辺の 1:50000 地形図「仙臺」（明治 38 年および 40 年測量，明治 45 年発行）に基づく。荒濱（深沼）の集落の北に，海岸線と直交する方向の細長い沼地が見られる。また，荒濱地区の南にも，小午沼の細長い形が描かれている。

禅利大居士」に因んで「貞山堀」（貞山運河）と呼ばれるようになった。貞山運河は元々，第 III 浜堤列の堤間湿地に開鑿されており，古来より人々は自然地形をうまく利用して土地を開発してきたことがわかる。

　仙台平野の海沿いには，幅数百 m にわたって主にクロマツからなる防潮林がある。これらは慶長地震津波の後，新たに開発された沿岸部の水田を飛砂や塩害から守るため，二代目の川村孫兵衛（元吉）が現在の名取市沿岸部に数千本の松を植えたのが始まりとされる。防潮林の多くは津波で被害を受け，場所によってはまばらに立ち木が残るのみの状況となった。防潮林は津波の勢いを弱めたり，漂流物を捕捉したりといった効果を持つが，巨大津波においては，

倒伏によって流木となり，周辺への被害を拡大させる面もあったようである。防潮林の復旧に向けた植林事業が始まっているが，白砂青松のかつての姿を取り戻すには，少なくとも数十年はかかるだろう。

◆荒浜地区での出来事

　大津波警報が出された後も，荒浜地区での津波避難行動は低調であったと伝えられている。1978年の宮城県沖地震や2010年2月のチリ地震でも被害や影響を受けなかった経験に加え，宮城県沖地震では津波が貞山堀を越えない想定であったことも，津波による人的被害が拡大した要因の一つであると考えられる。東日本大震災以前，この地域で主に想定されていた地震は，平均活動間隔37.1年，M 7.3～7.5程度で起こる宮城県沖地震であり，そのなかで最大クラスとして考えられていたのは1793年（寛政5年）の地震（M 8.2）である。この地震は連動型とされ，津波は岩手・宮城の沿岸で高さ2～5 mが予想されていたが，荒浜地区では高さ6 mの防潮堤と海岸林による低減効果も期待され，主な浸水域は貞山運河や海岸林よりも海側までの想定となっていた。

　証言やビデオ，コンピュータシミュレーションの解析によれば，荒浜地区には地震発生から約70分後に津波が来襲したと推定される。海岸付近の津波痕跡高は9～12 mであった。津波により地区の木造家屋のほとんどは流失し，186名が犠牲となった。砂でできた地盤は所々津波で大きくえぐられて起伏極まりない地形となり，住宅地にはコンクリート基礎が残るのみ

図1.74　荒浜小学校付近の被災状況
写真手前は基礎だけが残された住居跡。写真の右奥に見えるのが荒浜小学校の校舎，中央奥は体育館である。

であった（図 1.74）．

　地震発生後，沿岸部の道路上では信号機消灯や事故を原因とする渋滞が生じ，自動車による避難を試みた人のなかには津波に巻き込まれる者もいた．仙台平野での浸水域は海岸から 4〜5 km に達した．津波の遡上速度は海岸線付近で 10 m/s，内陸 1 km でも 6 m/s はあったと推定されている．海岸から 1 km 以内の距離にある荒浜地区の人々が，津波の来襲を察知した後，自動車なしに浸水域外まで逃れることは不可能であった．この地区で津波からの高所避難が可能なのは，海岸から約 700 m 離れた場所に建つ鉄筋コンクリート造の荒浜小学校だけであった．荒浜小学校での浸水高は 7.8 m に達し，2 階まで水没したものの，地元住民 233 人，児童・教職員 87 人は建物上階や屋上で難を逃れることができた．荒浜小学校は，平成 27 年に震災遺構として保存が決定された後，当時の様子を伝える施設として整備され，平成 29 年 4 月以降，一般公開されている．当時のまま保存された建物内外の被害箇所が，津波の威力の大きさを物語っている．また，従来同様，緊急時津波避難場所でもあり，津波避難訓練にも利用されている．

◆ 津波による砂浜の侵食とその痕跡

　津波によって仙台湾沿岸で生じた海岸地形の変状のうちとくに目立ったのは，防潮堤や道路周辺の落堀と，砂浜を横断する水路である．落堀の形成は，防潮堤を越流した津波が発生させた渦と高速流による地盤の侵食を原因とし，深さは数 m に達するほどであった．侵食によって巻き上げられた土砂は内陸に数百 m〜数 km 流され，水田地帯に数 cm〜数十 cm の厚さで積もり津波堆積物の一部になったとみられる．

　砂浜を横断する水路は，海水が陸地から引く際に，旧河道沿いに流れが集まり地盤を削ることで形成されたと考えられている．三陸のリアス式海岸では，引き波は急勾配の谷地形全体にわたって生じる傾向があるが，仙台平野は極めて平坦で奥行きが大きいため，引き波は元々あった水路や防潮堤の破堤部に集中する．荒浜地区では，砂浜を横断する水路は旧地形図に見られる沼地とそれ

図 1.75　引き波によって切断された砂浜（国土地理院）　　図 1.76　引き波により，砂浜と海岸林を横断するように形成された水路の状況

に続く旧河道に沿って形成されたようである（図 1.73，図 1.75，図 1.76）。近代以降に埋め立てられた箇所の地盤は周囲より軟弱で，引き波による侵食を受けやすかったのかもしれない。Google Earth の衛星画像からは，この水路と海との接続部分は漂砂によって津波後 2 週間ほどで閉塞されたことがわかる。しかし，水路の大部分はその後も沼地として長く残った。

　旧地形図からは，かつての仙台平野の各所に，海岸線と直交する方向の細長い沼地が複数存在していたことがうかがえる。たとえば，荒浜の南には小午沼という東西に細長い沼地があった（図 1.73）。この沼は，高度経済成長期以降に埋立・盛土され，現在では海岸公園となっている。近年行われた掘削調査では，1454 年の享徳津波のころに相当する津波痕跡（侵食痕）が見つかっている。旧地形図に見られる同様の形状を持つ沼地は，旧河道や浜堤の形成に関連する海跡湖である可能性はもちろんあるが，過去の津波の際の引き波に形成された砂浜横断水路が，その後閉塞されて残ったものも含まれていると思われる。地形には，過去の自然災害を理解するためのヒントが隠されているのである。

〈文献〉

原口強・岩松暉（2011）東日本大震災津波詳細地図，古今書院，167p.
後藤光亀（2010）日本一の運河群，貞山運河・北上運河・東名運河をゆく（近世編）—その水と砂

のものがたりと共に―，青葉工業会報，**54**，31-38.
後藤光亀（2012）日本一の運河群，貞山運河・北上運河・東名運河をゆく（震災編）―2011年東北地方太平洋沖地震による野蒜築港と運河群の津波被災調査から―，青葉工業会報，**56**，30-43.
蝦名裕一（2014）慶長奥州地震津波と復興　四百年前にも大地震と大津波があった，よみがえるふるさとの歴史 2　岩手県・宮城県・福島県，蕃山房，69p.
Sawai, Y., Namegaya, Y., Tamura, T., Nakashima, R., Tanigawa, K.（2015）Shorter intervals between great earthquakes near Sendai: Scour ponds and a sand layer attributable to A.D. 1454 overwash. Geophysical Research Letters 42, 4795-4800, doi: 10.1002/2015GL064167.
田中仁・真野明・有働恵子（2011）2011年東北地方太平洋沖地震津波による海浜地形変化，土木学会論文集 B2（海岸工学），**67**，L_571-L_575.

1.20　山元町坂元中浜地区（中浜小学校・津波湾）　谷口宏充

【見学と学習の主題】
　中浜小学校における津波からの避難対応と津波湾の形成を考える
【災害遺産（所在地住所，緯度経度）】
　中浜小学校旧校舎（山元町坂元字久根 22-2, 37°54′59.59″N, 140°55′04.29″E）
【交通】
　JR 常磐線坂元駅（中浜小まで徒歩約 2.5 km）
　車利用が便利

◆山元町・坂本地区の概要

　山元町は宮城県と福島県との県境に位置する面積約 44 km^2，人口約 1 万 2300 人の小さな町であり，そのなかでも坂元地区は最南端にあり福島県の新地町に隣接する。東側は太平洋に面し，西側は標高 10 m 以下の平地，数十 m の丘陵地，そして標高数百 m の阿武隈山地を経て角田市，丸森町に接している。町全体の人口は 1997 年のピーク時約 1 万 9000 人の後は減り続け，震災直前の 2010 年 10 月には約 1 万 6000 人，震災後の 2014 年 1 月には約 1 万 3000 人にまで減少した。震災前，町の年齢別人口構成は 65 歳以上が約 32 % の超高齢社会であり，人口構成や推移予測，とりわけ若年女性人口の推移予測などからみて，将来的には自治体の消滅が危惧される"限界集落化"の危機も予想

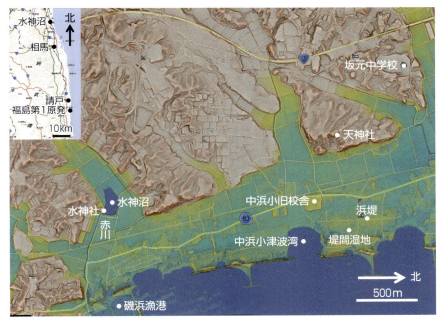

図 1.77　山元町坂元地区の詳細標高段彩図
青色：-1m，水色：+1m，黄色：+3m，赤色（赤色立体地図）：+5m以上．

されている（増田，2014）．そのため今後の町の復興と発展には，津波被害を含め町のすべての"資源"を有効活用した，他にはない思い切った施策が必要とされているように思える．

　東日本大震災時の山元町における最大震度は6強，大津波は平地部分，町の約4割を飲み込み，全体で637人，約4％の犠牲者を出した．坂元地区に限ると死亡率は約5.5％に達する．当時，地区の多くでは浸水深が約3mを超え，震災後，町から第一種区域に指定され住宅の建築が禁止された．震災以前，JR常磐線を使用すると町から仙台市まで約40分で通勤・通学が可能なので，町はベッドタウンとして発展していた．しかし津波によって坂元地区のほとんどの家屋は流出し，坂元駅は大きく破損，また浜吉田駅〜山下駅間での機関車脱線など大きな被害を受け，常磐線は使用できなくなっていた．代行バスによる輸送などの臨時措置の後，常磐線は山側に大きく迂回するコースに変更され，

山下駅と坂元駅の新駅舎の完成の後，2016年12月に運転を再開した。それと同時に今後の人口減少，少子高齢化などを踏まえ，すべての世代が便利で快適に暮らせるような"コンパクトなまちづくり"を目標に，沿岸住民の高台移転を基本に復興が進められている。一方，地場産業としては農業と水産業が主力であり，イチゴや大ぶりのホッキ貝などを特産品としていた。ホッキ貝は津波によって大きな被害を受けていたが，海中の瓦礫の撤去が進み，現在では磯浜漁港を中心に漁は再開されている。

◆中浜小学校での出来事

　山元町立中浜小学校は県道38号相馬亘理線に面し，海から約450 m 離れ，標高3 m 程度の砂地の上に1989年3月に創立された。震災当時の在籍児童数は59名，職員数は14名であった。中浜小学校の北東方向にはわずかな高まりと住宅の基礎が残り，その手前は今回の津波で水浸しになり湿地になっているのを見ることができる。これは海岸線に沿って南北方向の微小な凹凸地形が配列しているためで，高まりを浜堤，低いところを堤間湿地と言う（図1.77を参照）。住宅は高く水につきにくい浜堤を選んで建てられたためこのような特徴が生まれた。この凸凹地形は海から運ばれた砂の堆積と，海水準の微小な変化が組み合わさって生まれる。浜堤は海水準の極大期に生まれ，それぞれの時期の海岸線の位置を示すと考えられている。最も陸側の浜堤は数千年前に形成され，以後，海に向かって新しくなり，最も海側では1000年よりは新しい。窪

図1.78　中浜小学校旧校舎と中浜小津波湾

んだ堤間湿地は津波のとき水浸しになり，運ばれてきた堆積物が溜り保存されやすいため，このような場所を掘って調査すると過去の津波の歴史を調べることができる．

2011年3月11日午後2時46分，M 9.0の東北地方太平洋沖地震が発生し，仙台湾を含む広い沿岸地域に大津波警報が発令された．中浜小学校の教職員はテレビ放送によって予想到達時刻は10分後，5〜10 mの予想高さであると"確認"した（宮城県山元町立中浜小学校）．同校の指定避難所の坂元中学校へは約2000 mあり，平坦地を通り低学年の子どもの足で20分以上かかる．当時，この2階建ての中浜小学校には約90名の児童・教諭や住民がいた．そこへ屋上近くまで届く大津波が押し寄せると予想された．指定場所への避難など，事前に準備した手引では対応しきれないと校長らはとっさに判断し，屋上にある倉庫（通称"屋根裏部屋"）に皆を逃がすなど"臨機応変"に対応した．午後3時45分ごろ最初の波が到達した．学校の周りの建物すべてを押し流し，学校は陸の孤島と化した．第二波はさらに高く校舎の2階まで届いた．沖合からさらに高い第三波が迫ってきたが，ちょうど引き波（図1.79参照，隣町の亘理町における例）と衝突したおかげで威力が弱まり，救われた．一方，防災マニュアルで避難場所になっていた体育館は引き波で大きく破損し，ここに避難していたら多くの犠牲者を出すことになっていただろう．

その後，屋根裏部屋での寒い一夜も防寒，トイレや照明などに工夫を行い，これらが全員の生命を救うことになった．子どもたちには津波到達などショックを与えるようなものは見せない配慮も行った．2日前の3月9日にはM 7.3

図1.79　破堤箇所に集中して海に戻る津波
国土交通省防災ヘリ撮影動画より（真野他, 2011）

の大地震が発生し津波注意報も出ており，これが津波に対する警戒をもたらす事前準備を行うことにつながった．中浜小学校旧校舎の現況は津波による被災とはどのようなものか，津波の大きさ，破壊力の強さを表し，それにもかかわらず全員が無事生還した 90 名の英知を物語る震災遺構である．津波とその直後の児童や教師の行動は，防災教育の視点で学ぶべき多くの教訓を残している．そのため町の復興計画では校舎以外の体育館，倉庫やプールなどは解体するが，校舎は残して瓦礫や説明パネル，写真などを展示し，語り部を置くなどして震災を今後に語り継ごうとしている．先に記したとおり，中浜小では教職員の落ち着いた判断のもと校舎にて 3.11 の一夜を過ごし，翌日の朝方，自衛隊のヘリコプターにて町営グランドに運ばれ，全員が無事救出された．中浜小では，この件について経験などの整理を行い，わかりやすい報告を行っている（宮城県山元町立中浜小学校）．

◆ 災害遺産は何を語っているのか

　中浜小学校は震災遺構として残すことが決まり，今後の地域振興の点でも活用が期待されている．一方，科学教育や将来の地域振興の視点で見たとき極めて残念なこともある．それは山元町周辺の海岸に津波によって形成された半円形の湾"津波湾"の件である（図 1.78，図 1.80）．津波湾は防潮堤のあるところでのみ形成されている．山元町が最も顕著であるが，亘理町から山元町を経て福島県新地町まで，約 15 km の海岸に点在している（3.11 津波湾群）．津波湾は津波による破堤箇所，あるいは小河川の河口などに形成されており，陸地から流れ戻る津波によって規模の大きな浸食が生じ（図 1.79），そこに海の潮流による浸食，運搬と堆積の作用があって生まれた．元の地形高度を基準にすると中浜小津波湾では 5 m 程度，場所によっては 10 m 近く浸食された．いまのところインドネシアのアチェを含め，巨大津波が襲った他の地域では見いだされていない．火山活動による昭和新山や直下型地震による野島断層にも比すべき巨大津波による代表的な地形景観である．ハワイには Chain of Craters Road（火口の連鎖道路）という火口が連なった場所があり，火山活動の学習や

図 1.80　震災後の中浜小周辺の衛星写真に見る津波湾群

観光の名所として知られている。この津波湾や津波湾群も，残せば津波の働きや脅威を伝える科学・防災教育の点で世界のどこにも例のない貴重な地形景観であり，国の特別天然記念物級の名所になっていたのではないだろうか。巨大津波が残した世界で初めてと考えられる貴重な造形であり，防潮堤という人工物と津波という自然活動との合作による景観であった。しかし保存を要望したにもかかわらず，新しい巨大防潮堤の工事によってほとんどが消滅してしまった。残念なことである。今後，自然災害などで被災した場合，災害遺産としてどのようなものを残すべきか，事前に保存のための基本方針を議論しておく必要があるように思えた。

　次に津波からの緊急避難について少し検討してみよう。中浜小では先に記したとおり，避難は注意深くスムーズに行われ，最終的には全員が無事に救出され高く評価される。しかし，同小の先生がた自らが総括しているとおり，まったく問題がなかったわけではなさそうである（宮城県山元町立中浜小学校）。たとえば"結果は良かった。しかし最善の話ではない"というまとめに示され

ている。このような反省が生まれた理由は多々あるのかもしれないが，筆者からみて問題が残ると思われたのは"津波の高さがもう少し高かったら，とりわけ第三波が戻り波と衝突して高さが低くなるという幸運がなければ"津波は皆が逃げた屋上倉庫にまで達し犠牲者が出ていた可能性がある，という点である。中浜小の報告によると，テレビを見て地震発生（14時46分）から4分後には大津波警報が出たのに気づき，すぐさま屋上に避難している。津波の到達時間は"10分後"と当初"確認した"ので，20分ほど時間のかかる本来の指定避難所である坂元中学校へ向かうのは中止した。しかし実際に津波が到達したのは約55分後の15時45分であった。テレビなどで報道される津波の予想高さや到達時刻は，実際の観測結果などに基づいて時々刻々修正される可能性があるので注意が必要である。津波の高さは最初のうち3m程度だったのが，次には6m，そして最後には10m以上に引き上げられていった。今回は犠牲者も出ずよしとするべきだと考えるが，出る可能性があったことに鑑み，他の可能な行動例を考えてみよう。

　避難するには十分な高さが確保できる緊急避難場所と，そこに予想時間内に到達できるかどうかの2点が重要である。なお時間の検討としては，陸上での津波の速さは600m/分，人の速さは100m/分として大雑把に見積もっている。図1.81には中浜小周辺の段彩図，津波による浸水域と緊急避難ルート2例を示している。避難先としては標高が警告された津波の高さ（10m以上）以上でなければならず，また予想高さが時々刻々引き上げられた経験に基づき，山のピークや建物の屋上など行き止まりになる場所は避け，押し寄せる津波の実情に応じてより高い場所への再避難が連続して可能な場所が望ましい。図には3.11津波による浸水域と非浸水域との境を黒破線で示している。標高10m以下の地域が浸水域となっており，近似的には10mの高さの津波という予想が出たとき，どこが危険でどこが安全かが簡単にわかることを示している。また図で赤色系の部分は赤色立体地図となっており，赤色の強い部分は勾配がきつくアクセスがより困難で，白みがかった部分はより平坦でアクセスが容易であることを直感的に判断できる。中浜小の指定避難所となっていた坂元中学校は標高13mと到達できれば安全は確保されるが，到達するまでに浸水域を10分

以上歩かなければならない。また，赤の×印地点は，その付近で北方向から来た津波と，南方向から来た津波とが合流する地点であり，地元で観察した人の話によると両流れが激突し壮観な景色であったが，極めて危険であった。それに対して中浜小学校の西約 600 m にある天神社は標高 22 m であり，学校から少なくとも 6 分くらいで到達することができ，より望ましい緊急避難場所とルートであることがわかる。精度の高い DEM（この場合は国土地理院による震災直後の 1～2 m 精度の DEM を使用した）を使用して事前に標高段彩図を作成（KMZ ファイル）しておけば，Google Earth の上で避難訓練を行い，適切な緊急避難場所とルートを探すことも容易に可能である。最近では各自治体などで航空測量に基づく精密な DEM もつくられており，これを用いて詳細標高段彩図をつくり，将来の津波への備えのため初中等教育の場で活用するのが望ましいと思われる。

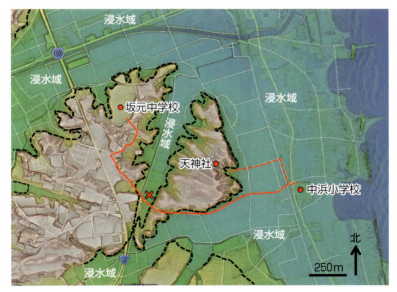

図 1.81　詳細標高段彩図に示した 3.11 津波による浸水域と避難経路
青色：−1m，水色：+1m，緑色：+5m，黄色：+10m，赤色（赤色立体地図）：+15m 以上，赤実線：予定避難経路，赤破線：より望ましい避難経路。

〈文献〉

増田寛也（2014）地方消滅　東京一極集中が招く人口急減，中公新書，243p.
真野明・田中仁・有働恵子（2011）海岸堤防の被災メカニズム，東日本大震災 3 ヵ月後報告会，東北大学災害科学国際研究所，仙台国際センター．
宮城県山元町立中浜小学校，震災を乗り越えて，https://www.nier.go.jp/06_jigyou/kyouiku_sympo_h23/5_siryou.pdf.
山元町（2016）東日本大震災および津波の被害状況，対応，http://www.town.yamamoto.miyagi.jp/site/fukkou/324.html.

1.21　山元町坂元磯地区（水神沼）　　　谷口宏充

【見学と学習の主題】
　伝説や堆積物をもとに災害の歴史と予測の可能性を考える
【災害遺産（所在地住所，緯度経度）】
　水神沼（山元町坂元磯沼下，37°54′5.16″N，140°55′7.09″E）
【交通】
　JR 常磐線坂元駅（中浜小から徒歩約 2.2 km）
　車利用が便利

※山元町および本地区の概要は 1.20 の山元町坂本中浜地区を参照のこと。

◆水神沼における大蛇伝説

　水神沼は 1.20 の図 1.77 に示すように距離約 550 m と海に近く，標高は 1 m 程度の低地にあり，低い丘陵に刻まれ東に開いた谷の出入口に位置している。静かな田園の雰囲気のこの沼には，冬季，白鳥やカモなど多くの水鳥が集まり，訪れる観光客たちに愛嬌を振りまいてくれる。

　この沼では大蛇を神の使いとし，その大蛇と周辺に住む猿との間には次のような趣旨の伝説が残されている。"時は戦国，沼の主大蛇と猿との間で争いが起きた。激しい雷雨のなかで戦いは続き，最後は共に倒れた。村人たちは彼らを憐れみ，丁寧に弔ってやった"（山元町誌編集委員会，1986）。伝説が生まれ

る背景には何らかの歴史的事実があり，それを象徴的に伝えるケースがある。伝説の内容からすると，人為ないし自然による何らかの災害が発生したことを反映しているように思われる。時が戦国時代なので，この近くで発生した人為的災害の"戦"を仮定すると，亘理や坂本における相馬勢と伊達勢坂元氏との1589

図 1.82　水神沼近くの水神社に置かれた大蛇の碑

年の戦いが思い浮かぶ。しかし"大蛇"という日本には存在しない超自然的な生き物を，人同士のローカルな争いに登場させるのはあまりふさわしいようには思えない。

　日本には存在しない大蛇や龍など空想上の生き物が登場する伝説は，火山噴火や大洪水など大規模な自然災害との関係で説明される場合が多い。たとえば915年に発生した十和田火山の噴火により生まれたとされる三湖伝説はその代表例である（平山・市川，1966）。三湖伝説のなかで火砕流や火山泥流など火山噴火の描写は，十和田湖の主であった八郎太郎が龍に変身し，同じく龍に変身した南祖坊との闘いや，米代川流域を日本海側の八郎潟に向けて逃れていく場面によく表れている。では水神沼ではどうなのであろうか？　ここには空から降ってきた火山灰の痕跡はあるが，しばしば"龍の化身"と解釈される溶岩流や火砕流などの新しい火山性流れ現象の痕跡はない。また 1.20 の図 1.77 に示されているように，沼はごく狭い集水域を有する谷に位置するため，大規模な洪水の関与も考えにくい。

　では津波はどうなのであろうか？　神奈川県鎌倉市龍口明神社や熊本県天草市大蛇池における少数例を除き，龍や大蛇が登場する伝説で災害として津波が関与したと考えられる例は稀なようである。図 1.83 には東日本大震災直後の水神沼の衛星写真を示す。沼を含めあたり一帯は大津波で覆われた。ポンプで

沼の水を排出して犠牲者の捜査が行われ，17名の遺体が発見されている。先に述べたとおり水神沼は海に近い低位置にあるため，今回の東日本大震災による津波ばかりでなく，昔から津波が繰り返し押し寄せていた可能性が高い。では水神沼の大蛇伝説は，戦国時代に発

図1.83　瓦礫が浮かぶ震災直後の水神沼

生した津波被害の様子を伝えていると考えられないのだろうか？　そのためには，この場所における自然災害を記録していると考えられる地下の地層の様子を知る必要がある。

◆水神沼における地層

　水神沼には他から流入する河川がなく，沼に繁茂した植物の遺骸，噴火によって空から降ってくる火山灰，そして赤川（1.20の図1.77参照）などを経て海から遡上してくる津波によってもたらされる砂や泥のみが堆積する。そのため湖底の堆積物を調査することによって地域を襲った津波や地震の歴史を理解することができる（澤井他，2007；宍倉他，2010）。図1.84には水神沼の掘削によって得られた地下の堆積物の地質柱状図と，同じ仙台湾沿岸の岩沼市高大瀬遺跡の発掘調査で現れた地層を示している。東日本大震災のとき，仙台湾に押し寄せた大津波は内陸にまで砂を運搬し堆積させた。そのため高大瀬遺跡の地層の最上部には第1層としてそのときの砂の層が載っている。この砂層の下位にも2枚の砂層があり，上は1611年の慶長三陸地震津波に由来する砂層（第4層），下は869年の貞観地震津波に由来する砂層（第8層）と判断されている。これら2枚の津波堆積物の間には915年に十和田火山が大噴火し

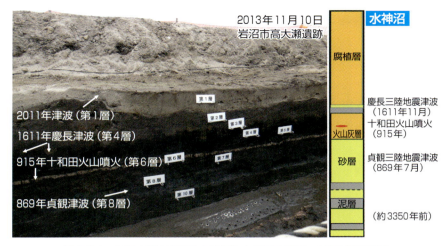

図 1.84 岩沼市高大瀬遺跡の地層と水神沼の掘削による地質柱状図
地層解釈は松本秀明氏の 2013 年の説明により，柱状図は澤井他（2007）を簡略化。

た際の火山灰も挟まれている。一方，水神沼の地質柱状図は東日本大震災以前の掘削調査によるものなので第1層はないが，その下には慶長三陸地震津波による砂層，貞観地震津波による砂層，そしてさらに下位には3枚の砂層が確認される。ここでも慶長と貞観津波による砂層の間には十和田火山噴火による火山灰が確認されている。

◆災害遺産は何を語っているのか

水神沼や高大瀬遺跡などにおける地層，さらには広く仙台湾沿岸地域における地質調査に基づくと，津波による砂層が何枚も堆積していることから，この地域には昔から繰り返し大津波が押し寄せていたことがわかる。また貞観津波以前にも3枚の砂層が確認されており，歴史記録や放射性炭素年代測定による年代値を基にすると，この地には数千年前から 600〜1300 年の間隔で津波が押し寄せていたことになる（澤井他，2007）。また，水神沼を襲った東日本大震災より一つ前の津波は 1611 年の慶長三陸地震による大津波であり，戦国時代のほぼ終わりに発生している。慶長三陸地震津波は岩沼市や相馬市の内陸部

に到達していたことが文書にも記されていた．したがって伝説による戦国時代の水神沼で発生した陰惨な出来事と 3.11 津波の悲劇的出来事の類似性や発生時代から考えると，水神沼伝説はこの地における慶長三陸地震津波を象徴的に表していると考えられないだろうか？

　ここで述べた津波によって堆積した地層については，地震や津波の予測のため東日本大震災以前から大学や研究機関によって調査が行われてきた．とりわけ規模において東日本大震災にもほぼ匹敵する大津波である貞観津波についてはていねいな調査が行われ，三陸海岸から仙台湾，さらには福島第一原発に近い浪江町請戸（1.20 の図 1.77 参照）を含む福島県沿岸部にまで連続して分布していることが明らかにされていた．これらの分布と地震の可能な発生位置とを参考に数値シミュレーションを行うと，条件によっては今回の福島第一原発における津波の高さに匹敵する波高 15.7 m の大津波が原発に押し寄せるという結果が 2008 年 3 月に東電の手で出されていた（添田，2014）．しかし，これに対する適切な対策は立てられず東日本大震災による原発災害（畑村・安部・淵上，2013）を迎えることになった．一方，東北電力の女川原発では，事前に原発付近の地質調査などを行い，貞観津波規模のものも発生の可能性があると考え，それへの対応を行い，ギリギリではあるが過酷事故を防ぐことに成功している．また地層中には 869 年の貞観地震，その後 915 年の十和田火山大噴火の地層が残されている．両者が発生した時代の間には各地で地震や噴火が頻発したという歴史的経緯があり，これを大地動乱の時代と呼ぶ人もいる．この水神沼の湖底にはそのときの代表的な地殻活動の痕跡が残されているのである．

〈文献〉

畑村洋太郎・安部誠治・淵上正朗（2013）福島原発事故はなぜ起こったか，政府事故調核心解説，講談社，207p.
平山次郎・市川賢一（1966）1000 年前のシラス洪水，地質ニュース，140，10-28.
澤井祐紀・他 11 名（2007）ハンディジオスライサーを用いた宮城県仙台平野（仙台市・名取市・岩沼市・亘理町・山元町）における古津波痕跡調査，活断層・古地震研究報告，7，47-80.
宍倉正展・澤井祐紀・行谷佑一・岡村行信（2010）平安の人々が見た巨大津波を再現する―西暦 869 年貞観津波―，AFERC ニュース，No.16/2010 年 8 月号．
添田孝史（2014）原発と大津波 警告を葬った人々，岩波新書，224p.
山元町誌編集委員会（1986）雷雨の死闘―大蛇と猿，山元町誌，第二巻，590-592.

第2章　地震の基礎科学

植木貞人

　はじめに東日本大震災を引き起こした 2011 年東北地方太平洋沖地震について紹介し，次に，そのような巨大地震が発生する背景と今後起こることが考えられる地震について解説する．

2.1　東日本大震災を引き起こした巨大地震
　　　―2011年東北地方太平洋沖地震―

◆長く続いた強い地震動

　2011 年 3 月 11 日 14 時 46 分，日本列島では，北海道から九州までの広い範囲で地震動を感じた．全国の震度分布を図 2.1 に示す．歩いている人でも地震を感じる震度 4 以上の強い揺れが，中部地方から北海道までの広い地域で観測された．最大震度は宮城県栗原市築館の震度 7 であった．震度 7 は，気象庁が設けた震度階級のなかで最大の震度であり，人が立っていることができず，建物によっては破損し倒れるものもあるとされている．

　通常の地震では，強い揺れは 10 秒間程度で収まり，その後，震動はしだいに小さくなる．しかし，この地震では，強い揺れが 3 分間以上続いた．図 2.2 に東北・関東地方の各地で観測された地震動記録を示す．横軸が時間経過（300 秒間）で，それぞれの線は地図に▲で示す地点で観測された地面の動きの時間変化を表す．線が太くなっているところは揺れが大きかったところである．強い揺れが，赤線，黄線，2 本の青線で示されるように，少なくとも 4 回にわたり南北に伝わったことがわかる．東日本の多くの地点で強い揺れが数分間にわたって感じられたのは，いくつかの大地震が続けて発生したためであった．

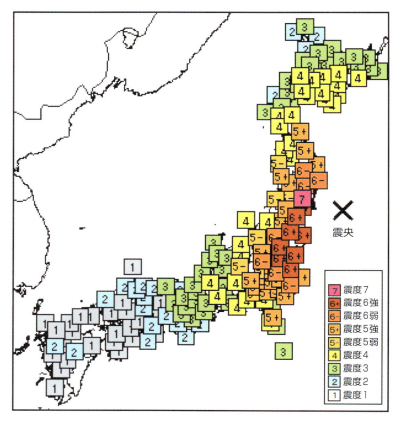

図 2.1　震度分布（気象庁, 2012）

◆震源域

　この地震はどこで発生したのだろうか。

　私たちの日常生活では，ある時ある場所で感じた地面の震動を「地震」と呼ぶと同時に，この震動を引き起こした原因の出来事をも「地震」と呼ぶ。しかし，ここでは，前者を「地震動」と呼び，後者のみ「地震」と呼んで区別する。火山で発生する特殊な例を除き，地震の正体は断層運動であることが，地震学によって20世紀半ばに明らかになった。断層運動は，地中の断層面を挟んで，両側の媒質が互いに反対方向にずれ動く現象である。このときに生じた歪みの

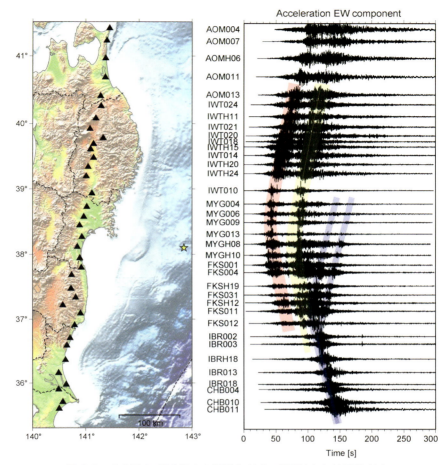

図 2.2　東北地方・関東地方の観測点（左）で記録された地震動（右）
（切刀・他（2012）図 8 の一部）

変化が地震波として地球のなかを伝わるのが地震動である．地震が断層運動であることから，地震動の発生源は，点ではなく，面であり，「震源域」と呼ばれる．大きな地震の震源域は地震発生後 1 日間の余震域（余震が発生している領域）にほぼ対応することが経験則として知られている．

　余震分布から経験則に基づいて推定した 2011 年東北地方太平洋沖地震の震源域は，おおよそ，図 2.3 の橙色の楕円で示す領域になる．岩手県沖から茨城

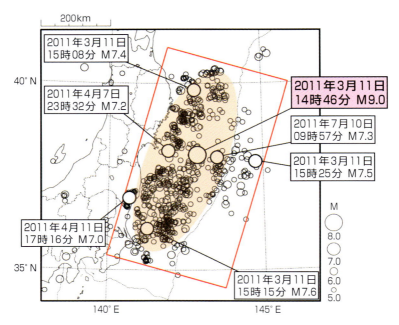

図2.3 震源域の広がり（橙色の領域）（気象庁ホームページに加筆）
丸印は，本震後5年間に発生したM5以上の地震の震央。

県沖，沿岸直下から日本海溝に至る，南北約500 km，東西約200 kmの広い領域である。地震記録の解析から，周期が0.5秒より短く人体に強く感じられた短周期の波は震源域のなかでも陸地寄りの領域から放出され，他方，ゆっくりとした長周期の震動は沖合で発生していたことが明らかになっている。また，深さをも含めた余震域の3次元分布から判断して，2011年東北地方太平洋沖地震は，東北日本の下に沈み込んでいる海のプレート（太平洋プレート）と東北日本を乗せている陸のプレート（北米プレート）の2つのプレートの間で発生した地震（プレート間地震）であったと考えられる（図2.4）。

宮城県沖ではマグニチュード（M）7.5前後の地震が30年以内に99%の確率で発生するとされ，それに備えて対策がなされていた。ところが，発生するとされていた地震，たとえば1978年宮城県沖地震（M 7.4）の震源域は30 km × 80 km程度であるが，実際に発生した地震の震源域はおおよそ500 km

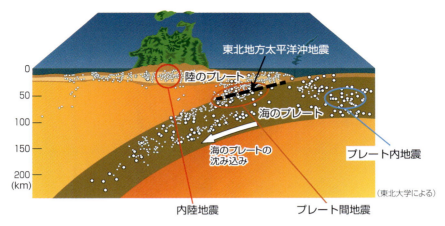

図 2.4　東北地方の下のプレートの動きと地震活動（地震本部（2017a）に加筆）

×200 km であり，想定していた地震よりも震源域面積が数十倍大きい巨大な地震が発生したことになる。

なお，図 2.1 に示されている「震央」は，気象庁が発表した震源の位置（北緯 38 度 06.2 分，東経 142 度 51.7 分，深さ 24 km）の直上の地球表面の点である。この場合の震源位置は，各観測点へ地震波が到達した時刻を用いて決定したもので，断層運動が始まった地点を意味する。断層運動はここから西，東，南，北へ広がり，図 2.3 に示す震源域全体に及んだ。震源域の広がりが数百 km あったため，断層運動は全体で約 3 分間続いたと考えられる。近年，日本国内では M7 クラスの地震がいくつか発生して被害が生じたが，これらの地震の断層運動は約 10 秒間から数十秒間で終了している。それに比べ，この巨大地震の断層運動は数倍から 10 数倍長い時間続いた。このように断層運動が長時間続いたことが，図 2.2 に示されているように強い揺れが長い間にわたって観測されたことの原因である。

◆地震に伴う地殻変動

日本列島には，国土地理院により，地球表面の変形（地殻変動）の検出を目

的として約 20 km の間隔で GPS 観測点網（GEONET）が展開されている。この観測によって，地震に伴い東北地方の沿岸が数 m も移動したことがわかった。東日本の変動の様子を図 2.5 に示す。赤矢印が陸上の GPS 観測点で観測された変動の大きさと方向を表している。変動量の物差しが各図の右下に書かれているので参考にされたい。東北地方太平洋側の GPS 観測点ではほぼ南東方向に移動するとともに，沿岸部で沈下していることがわかる。最大の変動が観測されたのは，牡鹿半島東部の宮城県石巻市寄磯浜にある基準点「M 牡鹿」で，5.4 m の水平変動と 1.1 m の沈下が観測された。東北地方のなかでも，太平洋沿岸と日本海沿岸では水平変動の大きさに数 m の違いがあり，東北地方が北西−南東方向に数 m 引き延ばされたことを示している。図 2.5 に青矢印で示されているのは，海上保安庁により，GPS 観測と海中音波を用いた測量を組み合わせた観測によって明らかにされた海底観測点の変動である。海底では最大 24 m の南東方向への水平変動と，最大 3 m の隆起が観測された。他にも，東北大学の観測では，31 m の水平変動と 4 m の隆起が報告されている。沖合の海底面が陸地よりも大きく変動したことがわかる。また，沿岸部が沈下した

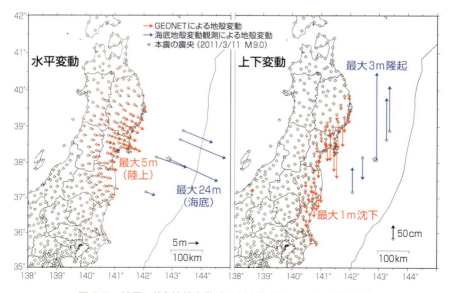

図 2.5　地震に伴う地殻変動（国土地理院ホームページに加筆）

のに対して，海底では隆起が観測されている点が注目される。

◆観測された地殻変動から断層運動を推定する

地球の表面を構成する岩盤は，バネやスポンジなどと同じように，力を加えると，加えた力の大きさに応じて伸びたり縮んだりし，力を取り去ると元に戻る，という性質がある。このような性質を持つ物質を「弾性体」と呼び，力を加えたときの変形を理論的に求めることが可能である。この理論を使うと，地球の内部で断層運動があったときに，地球の表面や内部はどのように変形するのか，どのような地震波が生まれるのかを計算することができる。

断層運動による地球の変形の計算例を図 2.6 に示す。赤の直線が断層面である。この面を境に上側の岩盤が赤矢印の方向に赤矢印の大きさだけ動き，下側がこれと反対方向に同じ量だけ動いたとき，黒矢印の根本にあった点が矢印の先端へ移動するこ

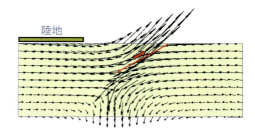

図 2.6　断層運動による地球の変形の計算例
（岡田（2012）図 7 の一部）

とを示している。ただし，動きの大きさは，黒矢印のほうが赤矢印に比べて 5 倍拡大されている。地表面にある黒矢印を見ると，断層面の上方に位置する点では，赤矢印に引きずられるように，右上のほうに移動している。すなわち，海底面は陸地から離れる方向に移動するとともに，隆起する。一方，断層面より左側（陸地側）の海底面や地表面では，矢印が少し右を向くとともに，ほんの少し下を向いている。この地域では，陸地から離れる方向に水平移動するとともに，沈下することになる。ここに示された変動の特徴は，2011 年東北地方太平洋沖地震に伴って観測された地殻変動（図 2.5）の特徴と一致する。これは，2011 年東北地方太平洋沖地震は，図 2.6 に示されているような断層運動によって，図 2.2 の地震波を放出し，図 2.5 の地殻変動を起こした現象であったことを意味している。

断層運動の様子を詳しく知るための解析が行われた。このとき，断層面の位置と形は，この地震がプレート間地震と考えられることから，地震活動などからすでに求められている海のプレート（太平洋プレート）と陸のプレートとの境界面の位置と形が用いられている。震源域の断層面を多くの小断層に分割して，上述の理論を用いて計算した地殻変動が観測データに最もよく合うように各小断層上でのずれの方向と大きさが求められた。その結果の例として，図 2.5 の地殻変動を観測データとして求めた 2011 年東北地方太平洋沖地震の断層面上のすべり分布を図 2.7 に示す。ここで，黒矢印が断層面上での上側の岩盤の動き（すべり）が大きかった領域のすべりの方向と大きさ（すべり量）を

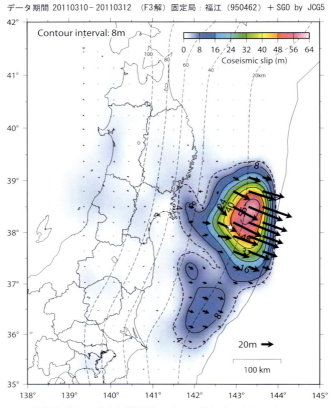

図 2.7　地殻変動から求めた地震時のすべり分布（国土地理院ホームページ）

表している．破線はプレート境界の形（等深線）を表す．すべり量の空間分布は，等値線と色で表現されている．岩手県沖から茨城県沖の広い領域で 4 m を超えるすべりがあり，宮城県沖の日本海溝に近い領域では 50 m 以上の大きなすべりがあったことがわかる．1978 年宮城県沖地震の平均すべり量が 1.8 m であることと比べると，4 m でも大きなすべりであり，50 m のすべりは桁違いに大きなすべりであることが理解できる．

なお，地震後，東北地方ではゆっくりとした地殻変動（余効変動）が続いている（図 2.8）．図 2.8 に示される水平変動の向きは地震時（図 2.5）とほぼ同じで，変動の大きさは，地震時に最も変動が大きかった観測点「M 牡鹿」では，地震後 7 年間で 1.1 m に達した．牡鹿半島は，地震前と比べると，地震時の変動も合わせて 7 年間に南東方向へ 6.5 m 移動したことになる．一方，地震後の上下変動は地震時のものとは異なり，太平洋沿岸部では隆起，奥羽山脈付近から西側では沈下となっている．隆起量が最も大きい牡鹿半島では，地震後

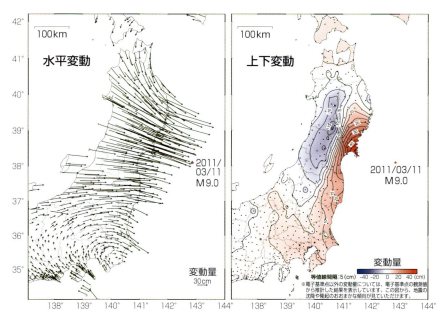

図 2.8　本震後 7 年間（2011～2018 年）のゆっくりとした地殻変動
（国土地理院ホームページに加筆）

の7年間に0.5mの隆起が生じ，地震時の沈下のほぼ半分が解消されている。地震後に生じたこれらの地殻変動は，地震時のすべりの影響がプレート境界の深いほうへ及び，図2.7に示される地震時すべりが大きかった領域の西側の，プレート境界が深さ約100kmに達する脊梁山脈直下付近までの領域で，1m前後に達するゆっくりとした断層運動があったことを示すものと考えられている。このゆっくりとしたやや深部での断層運動とその結果生じる三陸沿岸部の隆起は，少しずつ，今後もしばらく続くものと考えられる。

◆地震の規模

ここまで，2011年東北地方太平洋沖地震が，宮城県沖に起きると考えられていた地震と比べて，震源域の広がり（断層面積）においてもすべり量においても，桁違いに大きな巨大地震であったことを見てきた。この違いを数値で見てみよう。断層運動である地震の規模を表す量として，地震モーメント（M_0）がある。地震モーメント M_0 は，$M_0 = $ 岩盤の剛性率×断層面積×すべり量，で求めることができる。剛性率は物質がずり変形を起こすときの固さを表す量である。表2.1に，これまでに知られている最大の巨大地震（1960年チリ地震）と過去の三陸沖の地震（1933年昭和三陸地震，1978年宮城県沖地震）の M_0 や断層の大きさ，すべり量を示す。ただし，ここでのすべり量は断層面全体での平均値を表す。カッコ内の数値は推定方法が異なる参考値である。1933年昭和三陸地震は，プレート間地震ではなく，日本海溝の向こう側の，沈み込む直前でプレートが曲げられて少し上に凸になっている領域（アウターライズと呼ばれる）で発生した巨大地震である。この地震では，45°で西側に傾く断層

表2.1 主要な地震のマグニチュード（M），モーメントマグニチュード（M_w），地震モーメント（M_0），断層の長さ，幅，平均すべり量

地震名	M	M_w	M_0 (10^{20} N·m)	長さ (km)	幅 (km)	すべり量 (m)
1960年チリ地震	8.3	9.6	2700	800	200	24
2011年東北沖地震	8.3	9.0	430	(500)	(200)	(11)
1933年昭和三陸地震	8.1	8.4	43	185	100	3.3
1978年宮城県沖地震	7.4	7.6	3.1	30	80	1.8

面上を上側の岩盤が西下に向かってずり落ちる断層運動をしており，太平洋プレートを断ち切るような断層運動であった。その他のプレート間地震とはまったく異なるタイプの地震であるが，過去に東北地方の太平洋沖で発生した地震のなかでは1896年明治三陸地震と並んで最大級の地震であり，ともに甚大な津波災害を引き起こした地震として知られている。

表2.1の地震モーメントM_0を比較すると，2011年東北地方太平洋沖地震は，チリ地震よりも1桁規模が小さいものの，三陸沖で過去最大級の地震であった1933年昭和三陸地震よりも1桁大きく，繰り返し発生が想定されていた宮城県沖地震より2桁規模が大きい巨大地震であったことがわかる。M_w9.0という2011年東北地方太平洋沖地震の規模は，これまで日本列島とその周辺で発生したことが知られている地震のなかで最大である。世界的に見ても4番目に大きな地震であった。ところで，表2.1には2種類のマグニチュード（MとM_w）が示されている。マグニチュードMは地震計で記録された震動の大きさを用いて計算される量であるが，M8を超す巨大地震については大きさによらず同じような値となってしまい，正しくマグニチュードを求めることができないという問題がある。この問題を解決するために提案されたのがM_wで，地震モーメントから計算される量である。したがって，巨大地震の規模を比較するためには，通常のMではなく，M_wを用いる必要がある。

◆東日本大震災

2011年東北地方太平洋沖地震と津波は大規模で甚大・深刻な災害を引き起こした。この地震・津波災害は「東日本大震災」と呼ばれる。その特徴として以下の点を挙げることができよう。①被災地が北海道から関東地方までの広い範囲に及んだ，②津波による直接的・間接的な被害が甚大であり，最大震度が7であった割には強震動による建物の被害が少なかった，③強震動と津波により福島第一原子力発電所で事故が発生し，深刻かつ長期に及ぶ二次災害を引き起こした。以下では，自然災害としての①，②の特徴について述べる。

この震災による死者・行方不明者は約1万8000人となったが，その被災地

は，東北地方だけでなく，北海道と関東地方をも含む広い範囲に分布している。負傷者や建物の被害は，さらに中部地方の一部や徳島県，高知県にまで及ぶ。これまで，災害救助は都道府県単位で行うことを基本としたが，この災害では被害が甚大で広域に及んだことから，全国規模の支援が必要とされた。

被災地のなかでも，10 m を超える津波（最大波高 40 m）に襲われた岩手・宮城・福島の 3 県の被害はとくに甚大であった。死者・行方不明者の 99.6％，全壊建築物の 97％ をこの 3 県で占めた。これらの被害の多くは，直接あるいは間接的に津波に原因がある。たとえば，犠牲者のほとんど（95％ 以上）は津波による水死・圧死であった。この点は，6000 人以上の犠牲者が出た 1995 年阪神・淡路大震災では家屋倒壊や家具の転倒などによる圧死・損傷死などが 90％ 以上だったことと，大きく異なる。表 2.2 に 2011 年東日本大震災と 1995 年阪神・淡路大震災の比較を示す。

表 2.2　東日本大震災と阪神・淡路大震災の比較

人的被害	東日本大震災	阪神・淡路大震災
死者	15,896 人	6,434 人
行方不明者	2,536 人	3 人
負傷者	6,157 人	43,792 人

物的被害	東日本大震災	阪神・淡路大震災
建築物など	10.4 兆円	6.3 兆円
社会基盤	2.2 兆円	2.2 兆円
ライフライン	1.3 兆円	0.6 兆円
農林水産	1.9 兆円	
その他	1.1 兆円	0.5 兆円
被害額合計	16.9 兆円	9.6 兆円

東日本大震災の被害額約 17 兆円は，2011 年度当初予算額 94 兆円の 18％ に相当する。ただし，政府によるこの被害金額については，過大評価の可能性があることが指摘されている。たとえば，建築物などの被害額について，斉藤（2015）は，被害の実態に基づき半分以下の約 4 兆円と見積もっている。震災後間もない混乱期に積み上げられた数字が，その後改訂されることなく，一人歩きしているようである。

2011 年東北地方太平洋沖地震では，岩手県から千葉県に至る多くの地点で震度 6 弱以上の強震動が観測されたが（図 2.1），強震動による建造物の被害は比較的少なかった。これは，建物に被害を及ぼす周期 1 秒程度の波が小さかったためと考えられている。一方で天井板などの内装部材の落下や，駐車場付属

の登坂路の倒壊などによって死者が出た。その他にも，福島第一原子力発電所では，強震動で送電線鉄塔が倒壊して停電になったことが，原子炉事故の発端となった。須賀川市ではため池のダムが決壊し，土石流によって 8 名が犠牲になった。白河市では火山噴出物の斜面が崩壊し 13 名の死者を出した。東日本各地の埋め立て地や旧河川跡地では液状化により住宅や道路に被害が出た。さらに，遠く離れた大阪では，長周期地震動と 55 階建ての府庁舎が共振を起こし，建物設備などに大きな被害が生じた。

2.2 巨大地震が起こるわけ

◆東北地方太平洋沖地震の正体

　それでは，どうして東北地方の沖合でこのような巨大な断層運動（巨大地震）が発生したのだろうか。先に書いたように，東北地方の沖合では，海のプレートである太平洋プレートが日本海溝から陸のプレートの下に沈み込んでいる（図 2.4）。普段は，浅くて温度が低い部分では 2 つのプレートの間は摩擦によってくっついており，太平洋プレートの沈み込みと一緒に陸のプレートの先端が地球内部へ引きずり込まれている。陸のプレートは引きずり込まれるにつれて変形し，歪みエネルギーを蓄え，元に戻ろうとする力が働く。そして，元に戻ろうとする力が摩擦力を上回ったとき，くっついていたプレート間の境界面ですべり（断層運動）が発生して，陸のプレートは引きずり込まれる前の状態に戻る。これがプレート間地震の仕組みである。2011 年東北地方太平洋沖地震もこの仕組みで発生したと考えると，震源分布（図 2.3）や地殻変動（図 2.5，図 2.7）の特徴をよく理解することができる。しかし，東北地方の太平洋沖では，これまでにも，宮城県沖地震のようにプレート境界で地震が繰り返し起きていたのに，なぜ今回このような巨大な地震が起きたのか，という疑問が湧いてくる。これについては，宮城県沖地震などのこれまでに起きた地震ではすべりかたが少ないために，陸のプレートが引きずり込まれた分の一部しか元

に戻っておらず，長い年月を経て引きずり込まれてたまった分を今回の地震ですべて解消したと考えることができる。古記録や仙台平野に残されている津波堆積物から，869 年（貞観 11 年）にも今回と同様の仙台平野のなかまで浸入する巨大津波を引き起こした地震（貞観地震）が発生したことが知られている。また，仙台平野のいくつかの地点では（たとえば仙台市若林区沓形遺跡），貞観地震の津波堆積物の下にある弥生時代の地層のなかにも厚い津波堆積物が見つかっている。これらのことから，東北地方の太平洋沖では，1000 年程度の間隔で巨大地震・巨大津波が繰り返し発生してきたと考えられる。プレートの沈み込みが続く限り，同様の地震は将来も繰り返されることであろう。

◆プレートテクトニクス

　前項では，2011 年東北地方太平洋沖地震が，東日本が乗る陸のプレートの下に海のプレートである太平洋プレートが沈み込むことに伴って発生したことを見た。このように，地球の表面近くで発生する地震活動や火山活動をプレートの運動によって理解しようとする考えかたは，プレートテクトニクスと呼ばれる。地球は半径約 6400 km の球形をしているが，表面近くの厚さ約 100 km の部分は固い岩盤でできており，プレートと呼ばれている。地球表面は，おおざっぱに見ると，約 10 枚のプレートで覆われており，それぞれのプレートはその下にある柔らかいマントルとともにそれぞれ異なる方向へ動いている（図 2.9）。隣り合うプレートの境界では，互いに①離れる，②すれ違う，③片方が他方の下に沈み込む，のいずれかの運動が生じている。

　①の離れる境界では，地球の深部から上昇してきた柔らかいマントルが左右に分かれて新しいプレートとなり，互いに反対方向に動いていく。境界上には上昇してきたマントルから生じたマグマが噴出し，火山列が形成されている。その典型的な例は，太平洋や大西洋の海底を走る海嶺であり，アフリカ大陸を縦断する東アフリカ地溝帯である。東北地方の下に沈み込む太平洋プレートは南アメリカ大陸沖の東太平洋で生まれ，太平洋を渡ってはるばる日本列島までやって来たものである。

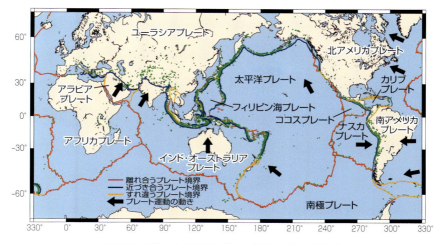

図 2.9　プレートの分布と動き（地震本部，2017a）
曲線はプレートの境界（赤：離れる，緑：沈み込む，橙：すれ違う），
黒矢印は各プレートの動き，緑の点は震源を表す。

②のすれ違い境界は，アメリカ合衆国西海岸のカリフォルニア州などで見ることができる。大きな被害を出した 1906 年サンフランシスコ地震（M 7.9）は，カリフォルニア州を走るプレート境界のサンアンドレアス断層が動いて発生したものであった。

③の沈み込み境界は太平洋を取り囲んでおり，日本列島付近もその一部を構成している。

日本列島付近では，図 2.10 に示すように，海のプレートとして太平洋プレートとフィリピン海プレートがあり，陸のプレートとして北米プレートとユーラシアプレートが存在している。太平洋プレートは 8 cm/年の速度で日本列島に向かって動いており，北海道から東日本では北米プレートの下に，伊豆諸島から小笠原諸島ではフィリピン海プレートの下に沈み込んでいる。他方，西日本から南西諸島では，ユーラシアプレートの下にフィリピン海プレートが 3～5 cm/年の速度で沈み込む，という構図になっている。

日本列島付近では，プレートの沈み込みに伴って，2011 年東北地方太平洋沖地震のようなプレート境界での地震（プレート間地震）の他に，海のプレー

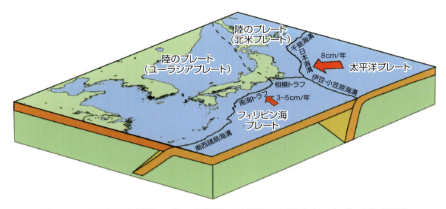

図 2.10　日本列島付近のプレート運動（札幌管区気象台ホームページに加筆）

トと陸のプレートの内部でもそれぞれ地震が発生する（たとえば図 2.4 参照）。陸のプレートの内部で発生するものは内陸地震と呼ばれる。私たちが住んでいる地域の真下で発生して大きな被害を起こすことがあるため，直下型地震と呼ばれることもある。

次節では，これらの地震のうち，将来発生することが考えられ，事前に備えておいたほうがよい地震について紹介する。

2.3　将来発生する可能性のある地震

約 1000 年間にわたって蓄積されてきたプレートの沈み込みにともなう歪みを数百 km にわたって一気に解放した 2011 年東北地方太平洋沖地震の影響は，周囲の広い範囲に及ぶと考えられる。東北地方内陸部の地震活動への影響，震源域周辺のプレート境界での地震活動への影響などについて見ていくとともに，将来発生すると考えられる南海トラフの巨大地震についても考える。

◆内陸地震

2011 年東北地方太平洋沖地震の震源域の西側に隣接する東北地方内陸部で

は，これまで，陸のプレートが引きずり込まれるのにともない東側から押され，東西方向の圧縮力により断層面上の上側の岩盤が下側の岩盤に対して断層面をずり上がる運動（逆断層運動）の地震が発生していた。これに対して，太平洋沖地震の発生は，圧縮力の解消により，全般的には，東北地方では内陸地震の発生を抑制する方向に作用したと考えられている。ただし，磐梯山北方の福島・山形県境付近のように，例外的に，逆断層型の地震活動が活発化した地域もある。

他方，東西方向の引っ張り力により断層面の上側の岩盤が引きずり下ろされる運動（正断層運動）や，垂直に立った断層面を境にして反対側が右側あるいは左側へ横にずれ動く運動（右横ずれ断層運動あるいは左横ずれ断層運動）を伴った地震の活動が活発になった地域がある。

最も顕著な例として，福島県浜通り南部から茨城県北部にまたがる地域が挙げられる。この地域では，2011 年 3 月 11 日の東北地方太平洋沖地震本震直後から地震活動が活発となった（図 2.3 参照）。これらはほとんどが正断層型の地震であった。4 月 11 日には最大の M 7.0 の地震が発生し，長さ約 15 km の地震断層が 2 本出現するとともに，死者 4 名を含む被害が生じた。活発な地震活動はその後も継続し，7 年半が経過した 2018 年 10 月の時点でも終息していない。

東北地方太平洋沖地震の影響は中部地方にまで及び，3 月 12 日には長野県北部で M 6.7 の地震が発生し，栄村では震度 6 強となった。さらに，3 年 8 か月後の 2014 年 11 月 22 日には白馬村付近で M 6.7 の地震が発生し，小谷村・小川村・長野市で震度 6 弱を観測した。いずれの地震においても，震源地周辺では建物や道路の損壊などの被害が出たが，幸いにも直接的な犠牲者はなかった。2014 年 11 月の地震は，日本で最も活動的な活断層である糸魚川–静岡構造線断層系の一部が動いたものである。

活断層は 2011 年東北地方太平洋沖地震の震源域に近い東北地方にも多数存在している（図 2.11）。これらのほとんどは東西の圧縮力による逆断層運動を繰り返しており，先に書いたように，東北地方太平洋沖地震はその断層運動が起こりにくくなるように作用したと考えられている。しかし，過去には，1896

年6月15日に三陸沖で発生して津波（最大波高38m）による犠牲者約2万2000人をはじめとする甚大な災害を引き起こした明治三陸地震の2か月半後，8月31日に内陸の岩手・秋田県境沿いでM7.2の陸羽地震が発生して，200人を超す死者と一部の地域では75％を超す多くの家屋損壊を生じた例がある。明治三陸地震は，地震動から推定したマグニチュードはM7.2，津波から求めたものはM8.6とされており，地震動がそれほど強くない（最大で震度4程度）にもかかわらず巨大津波を伴った特異な地震であり，津波地震と呼ばれる。2011年東北地方太平洋沖地震と同様のプレート間地震であり，岩手県沖の日本海溝近くで発生したと推定されている。他方，陸羽地震は，東北地方で発生した内陸地震のなかでは，2008年岩手・宮城内陸地震と並び最大級の地震であった。この地震は活断層である横手盆地東縁断層帯と真昼山地東縁断層帯（図2.11の活断層8と7）の一部が断層運動を起こしたものであり，長さ約50kmの千屋断層と約15kmの川舟断層を生じた。

明治三陸地震と陸羽地震との関係には不明な点があるが，過去にはこのようにプレート境界での巨大地震の後に大きな内陸地震が発生した例があることから，2011年東北地方太平洋沖地震発生か

図2.11　東北地方の活断層（地震本部，2017b）
色は発生可能性のランクを示す。赤：Sランク（高い），黄：Aランク（やや高い），黒・灰：その他。

ら間もない現在，近い将来に内陸で大地震が発生する可能性が残されており，備えておく必要がある。内陸地震は直下型地震とも呼ばれるように，震源域から居住地域までの距離が短く，地震波の伝播経路での減衰が小さいために，震源域の近くでは強い地震動に襲われる可能性がある。そのために，事前の建物の耐震化，付属物の転倒・落下・散乱防止対策が災害の防止・軽減に有効である。

東北地方には図2.11に示すように数多くの活断層が存在する。そのなかには東北地方随一の大都市である仙台市を北東から南西に横切る長町−利府断層帯（図2.11の断層帯13）もある。長町−利府断層帯は断層面の上側に位置する北西側が南東側に対してずり上がる逆断層である。過去約20万年間における逆断層運動の繰り返しにより，断層の北西側に位置する青葉山は断層の南東側に比較して約100 m隆起しており，上下方向の平均ずれ速度は約0.5 m/1000年と見積もられている。最近4〜5万年の間に少なくとも3回の断層活動があり，最新の活動は約1万6000年前以降と考えられている。国内の活断層について活動評価を行っている地震調査研究推進本部（地震本部）では，長町−利府断層帯が今後30年間に活動する確率は1％以下で，Aランク（地震発生の可能性がやや高い）と評価している。東北地方の活断層のなかで，地震発生可能性が高いSランクとされているのは，新庄盆地断層帯（図2.11の断層帯10），山形盆地断層帯（同11）と庄内平野東縁断層帯（同12）である。

双葉断層（図2.11の断層帯16）は，東北地方の活断層のなかではめずらしい横ずれ運動が卓越した断層であり，2011年東北地方太平洋沖地震の発生により摩擦力が低下し，地震が発生しやすくなったとの指摘がある。ただし，この断層の平均活動間隔は1万年程度であり，最新の活動は2400年前以降と推定されているので，地震発生の可能性は低いとされている。

◆プレート間地震とアウターライズ地震

東北日本において，海のプレート（太平洋プレート）の沈み込みにともなって陸のプレートが引きずり込まれることにより歪みが蓄積されていた状態は，

2011年東北地方太平洋沖地震の発生によって，岩手県沖から茨城県沖までの広い範囲で解消された．他方，震源域の北と南では，陸のプレートが海のプレートの沈み込みにともなって引きずり込まれる現象は継続している．したがって，青森県沖から北海道沖の領域や，茨城県沖から千葉県沖の領域では歪みが増大しており，大きなプレート間地震が発生する可能性があると考えられる．

　海のプレートは海溝で沈み込む前に曲げられる．そのために，海溝へ沈み込む手前（陸から見て海溝の向こう側）の海洋底にはやや盛り上がった地形が形づくられる．これはアウターライズと呼ばれる．アウターライズでは，プレートの表面付近で引っ張りの力が，プレートの底のほうでは圧縮の力が働いている．海のプレートには，全体として，プレートを沈み込ませようとする斜め下向きの力が働いている．しかし，沈み込む海のプレートに陸のプレートが摩擦力でくっついて一緒に引きずり込まれている状態では，陸のプレートから海のプレートに対して沈み込みに抵抗する力が働く．これに対して，プレート境界において2011年東北地方太平洋沖地震のような巨大地震が発生すると，陸のプレートから海のプレートへの抵抗力がなくなり，プレートを沈み込ませようとする力が有効に働くようになる．アウターライズでは，この沈み込みの力とプレートの曲げにともなう引っ張り力によって，正断層型の大きな地震が発生し，大きな津波を引き起こすことがある．このような地震をアウターライズ地震と呼ぶ．

　東北日本太平洋沖に発生した巨大地震とその後に発生したアウターライズ地震の例として，1896年6月15日の明治三陸地震（M 8.2，M_w 8.4〜8.5）と，その約37年後の1933年3月3日に発生した昭和三陸地震（M 8.1，M_w 8.4）がよく知られている．アウターライズ地震は，日本海溝の向こう側に発生するため，震源域から海岸まで200 km程度の距離があり，地震動はあまり大きくないが（昭和三陸地震の最大震度は5），正断層運動によって巨大な津波が発生する（昭和三陸地震津波の最大波高29 m）ため，防災上注意を要する地震である．2011年東日本太平洋沖地震の発生以降，アウターライズの地震活動も活発化しているが，これまでに発生した地震のなかで最大のアウターライズ地震

は本震から約 40 分後に発生した M 7.5 の地震である（図 2.3 参照）。明治三陸地震と昭和三陸地震の関係を見ると，東日本太平洋沿岸では，今後数十年間，より大きなアウターライズ地震の発生に対して注意が必要である。

◆南海トラフ地震

　本節ではここまで，東北日本とその周辺で今後発生すると考えられる地震について紹介した。全国に目を転じると，将来確実に発生し，日本社会に重大な影響を及ぼすと考えられる地震として南海トラフ地震がある。以下では南海トラフ地震について紹介する。南海トラフとは静岡県沖から高知県沖にかけて連なる船底状の地形をした海底の溝である。東北日本沖の日本海溝の最大深度が約 8000 m であるのに対し，南海トラフの最大深度は約 4900 m であり，日本海溝に比較して浅く，地形が緩い。日本海溝では海洋プレートである太平洋プレートが陸のプレートの下に沈み込んでいるのに対して，南海トラフでは海のプレートのフィリピン海プレートが陸のプレートのユーラシアプレートの下に沈み込んでいる（図 2.10）。日本海溝の陸地寄りの海底下では 2011 年東北地方太平洋沖地震のようなプレート間地震が発生しているのと同様に，南海トラフに沿ってもプレート間地震が発生している。以下では，南海トラフに隣接する駿河トラフと日向灘の地震も含めて，これらの地震を南海トラフ地震と呼ぶ。

　南海トラフ沿いでは西日本に被害をもたらす大地震が繰り返し発生してきたことが知られている（たとえば，地震本部（2013））。歴史史料などによれば，684 年の白鳳地震から 1946 年の昭和南海地震までの間に，少なくとも合計 9 回の大地震活動期が知られている（図 2.12）。全地震活動期の発生間隔は 90 年から約 260 年であるが，歴史史料に欠落がないと考えられる 1361 年正平地震以後に限ると，90 年から約 150 年間隔となる。その震源域は，潮岬から東側の東海地域と，西側の南海地域に分けることができる。南海トラフにおける地震活動の特徴は，大地震の発生が東海地域と南海地域の 2 つに分かれる場合と，両地域をまたいで発生する場合があることである。ただし，2 つに分かれる場合でも，2 つの地震の間隔は長くて 2 年 2 か月（1096 年永長東海地震と

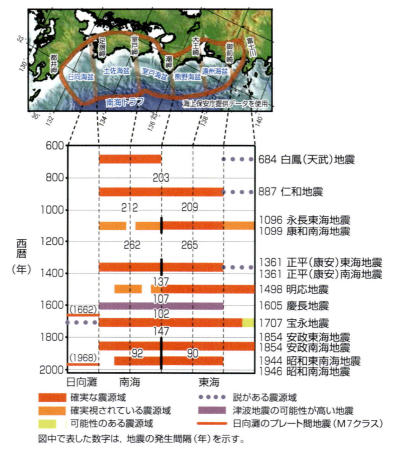

図 2.12 南海トラフで発生した大地震と震源域 (地震本部, 2017a)

1099 年康和南海地震) や 2 年間 (1944 年昭和東南海地震と 1946 年昭和南海地震) であり, 活動期の間隔が 100 年から 150 年程度であることを考えると, きわめて短い時間間隙である。2 つに分かれる場合には, これまでに知られている例では, いずれの場合も初めに東海地域で地震が発生し, 遅れて南海地域で発生している。両地域をまたいで発生した巨大地震の代表例として 1707 年の宝永地震 (M 8.6) がある。この地震では, 強い地震動による家屋の倒壊が中部地方から九州地方までの広い範囲で生じるとともに, 伊豆半島から九州ま

での太平洋沿岸，大阪湾，瀬戸内海沿岸を津波が襲った．宝永地震は，2011 年東北地方太平洋沖地震が発生するまでは，日本で発生した地震のなかで最大の地震として知られていた．

　南海トラフの東端に位置する駿河トラフ地域は，歴史時代に発生した多くの東海地震で震源域に含まれている．ところが，1944 年の昭和東南海地震では，震源域は駿河トラフ地域まで伸びていなかった．そのため，1970 年代に，この地域では歪みがたまっており大地震が発生する可能性が高いとの指摘があった．ところがその後地震は起きておらず，1946 年の昭和南海地震から 70 年以上経過していることから，最近では，駿河トラフ地域の地震に限ることなく，南海トラフ全域を震源域とする地震を想定して，それに備えるべきと考えられるようになってきている．たとえば，地震本部（2013）では，今後（2013 年から）50 年以内に M 8～9 クラスの南海トラフ地震が発生する確率は 90 % 以上としている．

　この地域で過去最大の宝永地震（M 8.6）あるいは 2011 年東北地方太平洋沖地震（M 9.0）と同程度の最大級の南海トラフ地震が発生した場合には，静岡県から宮崎県に至る太平洋沿岸地域で震度 7，その周辺の広い範囲で震度 6 の強震動に襲われることが予想される（朝日新聞，2015）．建物の耐震補強や付属設備などの転倒・落下防止対策が急がれる．また，房総半島から屋久島に至る太平洋沿岸の多くの地点で波の高さが 10 m を超える大津波が襲来すると考えられる．四国や紀伊半島，新島では 30 m に達する地点もあると予測されている．2011 年東北地方太平洋沖地震では，大きな津波を引き起こした波源域が海岸から離れていたために，地震の発生から津波の襲来までに 30 分から 1 時間程度の余裕があったが，南海トラフ地震の場合には，波源域が海岸近くまで広がっているために，地震から津波襲来までの時間は 10 分程度かそれ以下と考えられる（朝日新聞，2015）．避難場所を事前に確認しておき，強い地震動を感じたならば，揺れが弱くなるのを待ち，動ける状態になったら直ちに避難することが重要となる．強震動や津波によって，広範囲に，道路・鉄道などの交通網，電気・通信設備などの社会基盤が重大な被害を受け，数日間にわたり，物資の流通，人間の移動や情報の交換が通常どおりにできなくなると考え

られる。これらに対する事前の準備も必要である。

　津波堆積物の調査によれば，上に書いたような被害を引き起こす最大級（M 9 程度）の地震の発生間隔は 300〜600 年と見られる（地震本部，2013）。他方，一回り小さな M 8 クラスの地震は 100〜200 年の間隔で繰り返しており，最後の地震である 1946 年昭和南海地震から 70 年以上経過している。これらのことから，南海トラフ沿いでは今後 100 年以内にほぼ確実に大規模な地震が発生すると考えられる。比較的規模の小さな地震であった昭和東南海地震（1944年）や昭和南海地震（1946 年）であっても，5 m を超える津波や強震動によって甚大な被害が発生しており，将来の地震に備えた事前の取り組みが求められる。

〈文献〉

朝日新聞（2015）災害大国　南海トラフ地震の被害想定，http://www.asahi.com/special/nankai-trough/.
地震調査研究推進本部（2013）南海トラフの地震活動の長期評価（第二版），94p.
地震調査研究推進本部（2017a）地震がわかる，67p.
地震調査研究推進本部（2017b）活断層の地震に備える―陸域の浅い地震―東北地方版，16p.
気象庁（2012）平成 23 年（2011 年）東北地方太平洋沖地震調査報告，気象庁技術報告，133, 479p.
功刀卓・他（2012）2011 年東北地方太平洋沖地震の強震動，防災科学技術研究所主要災害調査，48, 63-72.
岡田義光（2012）2011 年東北地方太平洋沖地震の概要，防災科学技術研究所主要災害調査，48, 1-14.
斉藤誠（2015）震災復興の政治経済学，日本評論社，346p.
気象庁ホームページ http://www.data.jma.go.jp/svd/eqev/data/2011_03_11_tohoku/index.html#yoshin.
国土地理院ホームページ http://www.gsi.go.jp/BOUSAI/h23_tohoku.html.
札幌管区気象台ホームページ https://www.jma-net.go.jp/sapporo/bousaikyouiku/mamechishiki/jikazanknowledge/jikazanknowledge.html.

第 3 章　津波の基礎科学

菅原大助

3.1　津波とは

　津波は，海底地震，地すべり，火山活動，隕石衝突など，気象現象以外の原因により海洋や湖沼で発生する波長の長い波（長波）であり，水底から表面までの水塊全体の動きである．風によって発生する水面付近の水の動きである波浪は周期が数秒〜数十秒程度であるのに対し，津波の周期は短いもので数分，長いもので数十分に達する．津波は，波源域に近い沖合では高さが小さく波形勾配が緩やかであるため，人の目で認識することはほとんどできない．しかし，岸に近づくと急激に高さを増し，大きな人的・物的被害を生じる．この現象を「津波」と呼ぶのは，港（津）で高くなり被害をもたらす性質に由来している．

　津波の英語表記は日本語の発音と同じく「tsunami」である．日系移民が多いハワイ諸島に大被害をもたらした 1946 年アリューシャン地震および 1960 年チリ地震による津波を経て，学術用語として国際的に用いられるようになった（首藤ほか編，2007）．

3.2　津波の高さ

　津波の高さは，験潮所で記録される他，漂着物や建物などの壁面の浸水跡など津波浸水の直接の痕跡，あるいは目撃談などの間接的な情報に基づいて測定される．津波の高さの時間的な変化は，DART（Deep-ocean Assessment and Reporting of Tsunamis）や GPS（Global Positioning System）波浪計，港湾などに設置されている検潮儀によって観測される．DART は，津波による水圧変化を海底で計測するものである．また，GPS 波浪計は，海上に浮かべたブイの高さを，GPS のリアルタイム・キネマティック観測で計測するものである．

2011年の東北地方太平洋沖地震（以降，東北沖地震と略記する）では，沖合での津波の波形が沿岸の各地に設置されたGPS波浪計によって捉えられ，そのデータは地震・津波のメカニズムを解明する上で重要な役割を果たした。浸水高は，津波が遡上する途中の地点で測定された津波の最高水位である。遡上高は，津波が地形を這い上がった高さ（＝遡上限界地点の地盤高）である（図3.1；気象庁，2018）。どちらも，津波浸水の規模を把握するために不可欠の情報であるが，何を対象にどのように測定したかによって信頼度は異なる。たとえば，家屋の壁面に残された泥のラインによる浸水高の信頼度は高いが，折れた木の枝による浸水高の信頼度は低い。木の枝の損傷は，津波による直接の浸水の他，波しぶき（スプラッシュ），枝同士の接触や浮遊漂流物の衝突によって生じる可能性がある。

　さまざまな資料に記載されている「津波の高さ」については，しばしば混乱がある。たとえば，津波被害に関する報道などでは，陸上で直接目撃した津波について「高さ」の語を使用していることがあるが，その場合，「高さ」は浸水深を表すと解釈されるだろう。通常時の海面を基準に測った高さ（浸水高）であるのか，測定地点の地盤高を基準に測った高さ（浸水深）なのかを明確にしておかなければならない。

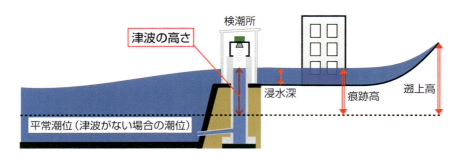

図3.1　津波の高さの定義（気象庁HPより）

3.3 海底地震による津波発生のメカニズム

これまでに世界で発生した津波の 70％ 以上が地震を原因としている（Pacific Tsunami Museum, 2013）。プレート沈み込み境界の逆断層，アウターライズの正断層，大陸地殻内の海底活断層が，地震の際に広い範囲に影響を与える津波を発生させる可能性がある。

プレート沈み込み境界では，海洋プレートと大陸プレートが巨大な逆断層で接している。プレート間は通常は固着しているため，年間数 cm 程度の海洋プレートの沈み込みは，上盤の大陸プレートを変形させ，歪みを蓄積させる。歪みが断層面の固着の強さを上回ると，プレート境界の断層で瞬間的なすべり（地震）が起こって上盤の歪みの一部（あるいは全部）が開放され，同時に地殻変動（隆起・沈降）が現れる。このとき，大陸プレート上の海水は海底とともに上下し，海面変動＝津波が生じる（図 3.2）。アウターライズの正断層や海底活断層でも，津波を発生させるのは断層面上のすべりに伴う地殻変動であることに変わりはない。海底面での地殻変動の大きさは，断層面上のすべりの大きさに加え，すべりが生じた断層面の深さ，傾斜とすべり方向の影響を受ける。たとえば，断層面の深さが大きくなると，海底面での地殻変動＝海面変動は小さくなる。すべり方向の水平成分が大きい横ずれ断層でも，海底面に現れる隆起・沈降は小さく，大きな津波は生じにくいが，海底地すべりなどを伴う場合

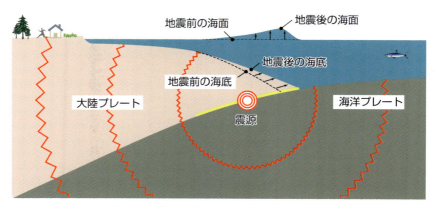

図 3.2　プレート境界型地震による津波の発生

には局所的に高い津波が発生することもある。

　津波の影響を受ける範囲は，波源域＝海底地殻変動の範囲，すなわち断層破壊領域の大きさによって決まる。プレート境界型地震の断層破壊領域は，場合によっては長さ1000 km，幅数百 km に達する。東北沖地震では，太平洋プレートと北米プレートの境界で，長さが南北に約500 km，幅が東西に約200 km の範囲で断層破壊が起こり，その巨大津波は北海道から関東にかけての約1000 km の沿岸に甚大な被害をもたらした。2004年スマトラ島沖地震では，インド・オーストラリアプレートとユーラシアプレートの間の断層で，長さ約1300 km，幅160～240 km の範囲が破壊され，これによって発生した巨大津波はインド洋沿岸全域を襲った。

　断層面（破壊領域）の幅は，津波初期波形の波長を決める大きな要因である。津波の波長 L と周期 T との間には，長波の伝播速度を c として $L = cT$ の関係が成り立つ。すなわち，津波の周期は波長に比例して長くなる。破壊領域の幅が大きい東北沖地震では，沿岸で観測された津波の周期は約50分であった。一方，破壊

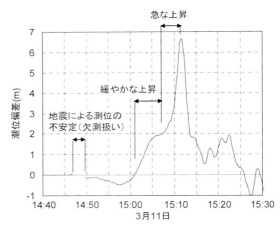

図 3.3　釜石沖の GPS 波浪計で観測された東北地方太平洋沖地震津波の時間波形（水位）
(高橋ほか，2011)

領域の幅が小さい（数十 km 程度）1993年の北海道南西沖地震では，観測された津波の周期は6～8分程度であった（柴木ほか，1994）。半周期の間，海面は通常よりも高い状態となる。津波の周期は，沿岸域での海面上昇の継続時間の長短となって表れ，陸上へ氾濫する海水の量を決定する要因の一つとなる。

　東北沖地震では，広範囲の海底の隆起・沈降に加え，別のメカニズムによって津波が巨大化したことが，津波波形の分析から明らかにされた。釜石沖の

GPS波浪計は，地震発生の15分後に津波の第1波が到達し，最初の6分間で水位が2m上昇した後，次の4分間でさらに4m上昇したことを記録している。このデータは，緩やかに水位が上昇する長周期の津波に，急激な水位上昇を伴う短周期で振幅の大きい津波が重なっていたことを示している（図3.3；高橋ほか，2011）。

東北沖地震の震源域では，地震後ただちに採泥や測深といった海底調査が行われた。地震前の海底地形との比較では，プレート境界断層のすべりは海溝軸の海底面まで及び，海溝軸付近の斜面は東南東方向に約50m移動したと推定された（小平ほか，2012）。断層運動による地殻変動は鉛直と水平の両成分を持つ。海溝軸付近の斜面では，断

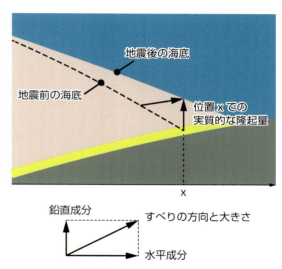

図3.4　斜面の水平移動による隆起量の増大

層面のすべりによる地殻変動の上下成分に加え，斜面が水平方向に移動することにより，実質的な隆起量が大きくなる。東北沖地震では，プレート境界断層の広範囲の破壊による長周期の波に，海溝斜面の水平移動によって発生した短周期の高い波が重なり，津波が巨大化したと考えられている（図3.4）。

断層面上の大きなすべりが広い範囲で比較的ゆっくりと起こる場合，地震動は小さいが海底地殻変動＝津波が異常に大きくなることがあり，津波地震と呼ばれる。津波来襲を地震による強い揺れと関連付けてしまうと，このようなケースでは津波を予期できず，思わぬ被害を受けてしまうことになる。これまでに起こった津波地震として有名な例としては，1896年の明治三陸地震，1946年のアリューシャン地震が知られている。また，東北沖地震でも，宮古沖の日

本海溝付近で，地震動を伴わない津波発生源が存在した可能性が観測データから示唆されており，津波地震あるいは海底地すべりによって説明する考えかたが提出されている（Satake et al., 2013；Tappin et al., 2014）。図 3.5 では，宮古〜釜石沖の海溝軸付近（セグメント 0C）に大きなすべりが推定されている（建築研究所，2013）。このすべりは，陸上の地殻変動や地震動観測データだけを用いたすべり分布の解析では現れないものである。

海底地震によって津波がどのようにして発生するか（津波の初期波形がどのような形をしているか）を直接観測することは不可能である。これまでに世界中で観測された巨大津波の発生メカニズムは，地震動や地殻変動などに加え，海域での津波波形や陸上の津波痕跡高などのデータに基づき，逆解析で推定されたものである。観測データは一般に不十分であり，どのようなデータを使ってどのような手法で解析を行うかによって結果が大きく変わる場合があり，推定された津波の発生メカニズムには不確実な面が残ることに注意する必要がある。

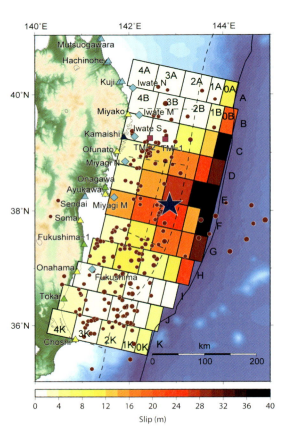

図 3.5 津波観測波形の逆解析によって推定された東北地方太平洋沖地震の滑り分布モデル
（建築研究所，2013）

3.4 津波の性質

　東北沖地震では，地震発生から 3 分後の津波警報（14 時 49 分）による津波高は宮城県で 6 m，岩手県と福島県で 3 m と予測された。この予測は，10 万通り以上のさまざまな地震のシナリオによる津波の高さがあらかじめ計算されたデータベースから，地震観測データに基づいて推定された断層パラメータ（震源の位置，深さ，マグニチュード）を用いて検索・照合し，最も近い地震シナリオによる津波の高さを出力するものである。地震直後はデータが少ないため，断層パラメータの推定精度が低く，津波高の予測は（結果的に）過小評価となってしまった。その後，沖合での津波観測に基づいて予測が修正され，15 時 30 分には岩手〜千葉の太平洋沿岸で 10 m 以上と発表された。しかし，波源域に近い三陸沿岸では，この時点ですでに海岸に津波が到達し，大きな被害を生じていた。

　ここでは，津波はどのように外洋を伝わり，沿岸域で高さを増して海岸を襲うのかなど，いくつかの重要な性質について解説する。

◆伝播速度

　水深の大きい海域（外洋）での津波の振る舞いは，線形長波理論によって記述される。長波とは，水深に比べて波長が極めて長い（約 20 倍程度）波で，線形長波理論は，波長が水深に比べて大きく，波の振幅に対して水深が大きい（波の振幅が微小）として近似した場合の波の数理モデルである。海底地震による津波の場合，波長はおおむね断層破壊領域の幅で決まり，数十〜100 km となる。これに対して海洋の平均水深は 3.7 km，世界最深のマリアナ海溝でも 11 km なので，外洋の津波の挙動は，多くの場合，長波として近似できる。また，波源域に近い沖合では津波による水位上昇は数 m 程度であるので水深に対して微小となり，線形長波理論によって記述できる。波源域に近い外洋では，周期の長さと振幅の小ささのため，津波の形を人の視覚で捉えることはほとんどできない。

　線形長波理論では，津波の伝播速度 c は水深 h の平方根に比例し，重力加速

度を g として

$$c = \sqrt{gh} \qquad (3.1)$$

の関係式で表される。この式によれば，水深4000 m の外洋では，津波の伝播速度は200 m/s（約700 km/h）もあり，ジェット機並みのスピードで海洋を伝播する（図 3.6）。岸に近づくと，水深の減少に応じて津波の伝播速度は低下し，水深 200 m

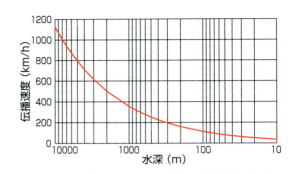

図 3.6　線形長波理論による津波の伝播速度の変化（式(3.1)に基づく）

での伝播速度は 44 m/s となる（それでも 150 km/h 以上の速さである）。なお，津波の伝播速度は水粒子の動き（流速）を表すものではないことに注意する必要がある。津波が外洋を伝播するとき，水粒子は数 cm/s 程度の速さで，海底面から海面まで一様に水平に振動しているにすぎない。

津波が等深線に対して斜めに進行する場合，屈折が起こる。長波では，式 (3.1) に従って，水深が大きい地点の波が浅い地点よりも速く進む。このため，波の進行方向は等深線に直交するようにしだいに屈折する。図 3.7 は，海岸線に対して斜めに津波が進行する状況を表している。水深の

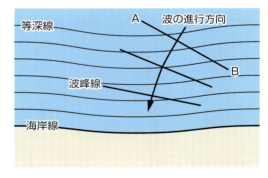

図 3.7　津波の屈折（首藤ほか編 (2007) に基づく）

大きい地点 A の波は水深の小さい B よりも速く進むため，波の進行方向は等深線に直交するように屈折する。周辺に浅い海底が広がる岬の先端には，屈折によって波向線が集中し，波高が増幅される。三陸海岸のように入り組んだ海

岸線を持つところでは，複雑な屈折が起こり，津波が集中して高くなる場所が生じる。

◆浅水変形

津波が岸に近づくと，水深が浅くなるため，式 (3.1) に従って伝播速度が低下する。波の先端は遅く進み，後ろは速く進むため，波の波長が縮む一方で高さが増す（これを浅水変形という）。浅水変形による波高の増幅は，Green（グリーン）の式で表される。グリーンの式によれば，波高は水深の 1/4 乗に反比例する。三陸海岸に典型的に見られる V 字型の湾など，津波が伝播する水路の幅が変化する場合には，波高 H は水深 h の 1/4 乗に反比例し，さらに水路幅 b の 1/2 乗に反比例する（首藤ほか編，2007）。

$$H\,h^{1/4}\,b^{1/2} = \text{const.} \qquad (3.2)$$

この式から，沖合での波高 H_0 と水深 h_0 および沿岸域での水深 h_1 がわかれば，波高 H_1 を求めることができる。水路幅が一定として，水深 $h_0 = 4000\,\text{m}$ で波高 $H_0 = 4\,\text{m}$ である場合，水深 $h_1 = 50\,\text{m}$ の沿岸域では波高 $H_1 = 11\,\text{m}$ 以上となる（図 3.8）。

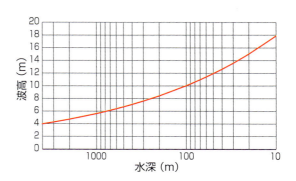

図 3.8　グリーンの式による津波の増幅
（式 (3.2) に基づく）

また，湾口に比べて湾奥で幅が 1/2 に狭くなった場合，湾奥の波高は湾口の 1.4 倍になる。ただし，この式では海底地形による反射や屈折，海底面との摩擦の効果は考慮されていない。

浅海〜沿岸域では水深が小さくなり，波の振幅が微小であるとする線形長波理論の近似がしだいに成り立たなくなる。ここでの津波の振る舞いは，波の振幅の大きさを考慮した非線形長波理論によって表される。非線形長波理論によ

る津波の伝播速度 c は，水深 h と津波の水位 η によって表される（首藤ほか編，2007）。

$$c = \sqrt{g(h+\eta)} \tag{3.3}$$

式 (3.3) によると，伝播速度は波の谷で遅く，峰では速くなる。このため，浅海域を伝播する津波の形状は徐々に前傾化していく（図 3.9）。波の前傾化によって水面は階段状となる（段波）。段波では，地上に立っている人間の目には海水の壁として映る。壁の向こう側は，沖合まで同じ高さの海面が続く。前傾化がさらに進むと段波の形状は垂直となり，波頭が前方へ崩れる（砕波）。砕波によって波高が低下すると，位置エネルギーが運動エネルギーに転換されて流速が増大する。沿岸域で起こる砕波と海底摩擦により，津波のエネルギーは減衰していく。

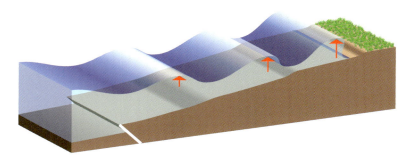

図 3.9　浅水変形による波高の増大と波の前傾化のイメージ

◆ 津波の遡上

砕波した後の津波は，ダムの崩壊に例えられるほどの速い流れを生じる。高速な流れは，海岸堤防など構造物周辺の地盤の洗掘や，海岸林の倒伏・流出，木造家屋や鉄筋コンクリート造りの建物の破壊などの直接の原因となる。津波は，土砂・流木・破壊によって生じたがれき，車両や船舶など，遡上経路にあるさまざまなものを流れのなかに巻き込んでおり，それらが人や物に衝突することで被害が拡大する。

遡上途中の津波の挙動に関する情報は，従来は主に目撃談によってしか得られず，流速などの定量的なデータを直接計測した例はほとんどなかった．近年，とくに2004年のインド洋大津波以降は，津波氾濫の状況がビデオ映像として記録されるようになり，映像解析によって流速の推定が可能となってきた．
　東北沖津波では，地震発生直後に被害状況把握のため数機のヘリコプターが被災地上空にあり，その後来襲した津波の状況はビデオによって詳しく捉えられている．NHKが中継した名取川河口部の映像はそのなかでも最も有名なものであろう．その解析によると，陸上での津波の遡上速度として，海岸線から内陸に1 km以内の地点で約8 m/s，2 kmでも約4 m/sと推定されている（林ほか，2013）．遡上過程で摩擦抵抗を受け流れのエネルギーが減衰することを考えると，砕波直後，海岸線付近での流速はさらに大きかったと考えられる．
　図3.10は海上保安庁のヘリコプターによる映像であり，仙台平野の海岸に到達して砕波した第1波が海岸林を飲み込み，その陸側にある水域（広浦）に浸入しつつある様子を捉えている．第1波の背後には，砕波前の第2波の波頭が現れている．また，第2波の後ろにも，いくつかの短波長の波がうっすらと映っている．この映像から，仙台平野では，第1波が遡上を始めてすぐ，より大きな第2波が来襲しており，第2波は分散波を伴っていたことが明らかになった（Tappin et al., 2012）．また，砕波後の第2波の遡上速度は第1波よりも速く，内陸部で第1波に第2波が追いついていた．第1波の遡上先端が市街地に達した頃，第2波が砕波し，第1波を上から覆う形で内陸側に遡上している．津波を空から俯瞰した映像記録は，津波の発生メカニズムや沿岸域での挙動を理解する上で欠かすことのできない情報となっている．
　三陸海岸のように地形勾配が大きい海岸の場合，津波の遡上が止まると，海水の運動エネルギーの大部分は位置エネルギーに転換されている．高所まで遡上した海水の位置エネルギーは引き波として再び運動エネルギーに転換される．このとき位置エネルギーの基準面である海面が津波によって大きく低下していると，引き波の運動エネルギーはより大きくなる．そのため，引き波は押し波よりも流速を増し，建物などに対してより破壊力が大きくなる．海方向への流れは長時間続くため，海岸地形をつくる堆積物，家や車，船などさまざま

図 3.10 名取市閖上地区に浸入する津波（海上保安庁による）

なものが沖合へ流出するとともに，巻き込まれた人は行方不明となる可能性が高くなる．一方，地形勾配が小さい海岸では，引き波は全般的に緩やかで，強い流れが生じるのは河口部や海岸堤防の破堤部などに限られる．

〈文献〉

首藤伸夫・今村文彦・越村俊一・佐竹健治・松冨英夫編（2007）津波の事典，朝倉書店．

高橋ほか（2011）2011年東日本大震災による港湾・海岸・空港の地震・津波被害に関する調査速報，港湾空港技術研究所資料，No.1231, 200p.

小平秀一・富士原敏也・中村武史（2012）2011年東北地方太平洋沖地震：海底地形データから明らかにされた海底変動，地質学雑誌，118, 530−534.

林里美・成田裕也・越村俊一（2013）東日本大震災における建物被害データと数値解析の統合による津波被害関数，土木学会論文集B2（海岸工学），69(2), I_386−I_390.

Satake, K., Fujii, Y., Harada T. and Namegaya, Y.（2013）Time and space distribution of coseismic slip of the 2011 Tohoku Earthquake as inferred from tsunami waveform data, Bull. Seismol. Soc. Am., 103, 1473−1492.

建築研究所（2013）2011年3月11日東北地方太平洋沖地震の津波波源モデル，http://iisee.kenken.go.jp/staff/fujii/OffTohokuPacific2011/tsunami_ja.html.

気象庁（2018）津波について，https://www.jma.go.jp/jma/kishou/know/faq/faq26.html.

柴木秀之・見上敏文・後藤智明（1994）北海道南西沖地震津波の伝播特性について，海岸工学論文集，41, 226−230.

Tappin, D.R., Evans, H.M., Jordan, C.J., Richmond, B., Sugawara, D. and Goto, K.,（2012）Coastal changes in the Sendai area from the impact of the 2011 Tōhoku-oki tsunami: interpretations of time series satellite images and helicopter-borne video footage, Sediment. Geol., 282, 151−174.

Tappin, D.R., Grilli, S.T., Harris, J.C., Geller ,R.J., Masterlark, T., Kirby, J.T., Shi, F., Ma, G., Thingbaijam, K.K.S. and Mai, P.M.（2014）Did a submarine landslide contribute to the 2011 Tohoku tsunami? Mar. Geol. 357, 344−361.

Pacific Tsunami Museum（2013）What Causes a Tsunami?, http://tsunami.org/7science/04_what_causes_a_tsunami.html.

おわりに

谷口宏充

　「はじめに」で記したように，本書の目的は宮城県内における災害遺産を選び，語るべき出来事や教えなどを調査・整理したうえで，今後の防災教育やツーリズム資源として地域の活性化にも活かそうというものである。どのようにして防災や地域活性化に資するかは，本書の主たる読者として初中等教育学校の先生や自治体などにおける防災関係者を想定していることからもご理解いただけるのではないかと考える。すなわち日本の各地において防災教育の中心や担い手になっていただきうる方々に，被災現場ではどのような出来事が起きていたのか，単に情緒面ばかりでなく，そのなかで示されている科学や防災上の重要な知見，意義や教えなどを知り理解していただく。そのうえで修学旅行をはじめとする教育旅行などを通じて被災地域における交流人口の増加も目指していただきたいと考えているのである。

　個々の災害遺産における重要な情報や教えなどは，それぞれ第1章にジオストーリーとして細部が記述されているが，最も強調したい点をまとめると以下のようになる。

　児童・生徒や住民に対する防災教育の視点で見たとき，常日頃から身近に多数おられ，必要な知識を有し，わかりやすく説明することができるのは初中等教育学校の先生である。したがって防災の視点からも重要な彼らの力量を，目的にあわせてさらに向上させることが大切である。そのためには彼らを統括する組織である教育委員会，地域防災に責任を有する地方行政やそこにおけるメンバーの力量も重要であることは言をまたない。ここで言う力量とは科学リテラシーのことである。その意義は第1章に記した各事例で知ることができる。その力量の違いが大川小学校，野蒜小学校，戸倉小学校や気仙沼向洋高校など学校の事例ばかりでなく，東日本大震災の各現場において個々の生徒や住民たちの生命を大きく左右していたのではないだろうか？　なお，ここで言う科学リテラシーとは，文部科学省による「自然界及び人間の活動によって起こる自然界の変化について理解し，意思決定するために，科学的知識を使用し，課題

を明確にし，証拠に基づく結論を導き出す能力」のことである。

　本書中に記した東日本大震災で起きていた出来事とそこから導かれる教えは，過去の震災時のものとどのように類似あるいは相違しているのか興味が持たれるところである。

　"天災は忘れた頃にやってくる"の格言で一般にもよく知られ，物理学者であり随筆家としても高名な寺田寅彦は，地震，噴火や火事などの災害に関連してそこで起きていた現象を注意深く観察し，自然に起因する要因と人間に起因する要因とにわけて分析し，数多くの示唆に富む文章と警句を残している。寺田はいまから約80年前，1933年の昭和三陸地震津波の直後，随筆「津浪と人間」のなかで当時37年前に死者不明者2万2000人を出した1896年の明治三陸地震津波の経験を踏まえ，防災に関して次のような文章を残している。

　"災害記念碑を立てて永久的警告を残してはどうかという説もあるであろう。しかし，はじめは人目に付きやすい処に立ててあるのが，道路改修，市区改正等の行われる度にあちらこちらと移されて，おしまいにはどこの山蔭の竹藪の中に埋もれないとも限らない。そういう時に若干の老人が昔の例を引いてやかましく云っても，例えば「市会議員」などというようなものは，そんなことは相手にしないであろう。そうしてその碑石が八重葎（やえむぐら）に埋もれた頃に，時分はよしと次の津浪がそろそろ準備されるであろう"。

　昭和三陸地震津波の後に多数建てられた災害記念碑は，東日本大震災のときにはどうなっていたのであろうか？　昭和津波のときと今回の津波のとき，同じようなことが繰り返されていたのではないだろうか。

　結局，寺田は今後の防災のためには，次のように初中等教育で科学教育を充実することがとくに重要であると主張している。

　"それで日本国民のこれら災害に関する科学知識の水準をずっと高めることが出来れば，その時にはじめて天災の予防が可能になるであろうと思われる。この水準を高めるには何よりも先ず，普通教育で，もっと立入った地震津浪の知識を授ける必要がある"。

　言うまでもないことだが，彼の言う"地震津浪の知識を授ける"とは単にそれらの知識の断片だけではなく，一連の学習を通して必要な事態に合理的な判

断を下す能力，現在で言う科学リテラシーの向上を指していることは明らかであった。

　1905年に，今後50年以内に東京で大地震が発生することを警告し，実際に1923年に関東地震（関東大震災）の発生を予知したことで知られている今村明恒東大教授も，1947年，上記に相通ずることを述べている。

　"凡そ天災は忘れたころに来ると言われている。併し忘れないだけで天災は防げるものでもなく，避けられるものでもない。要は，これを防備することである。余は年々の梧陵祭が形式に堕することのないよう希望してやまないのである"。梧陵祭とは1854年の安政地震津波の来襲時，現在の和歌山県の広川町で自らの稲むらに火を放って村人を救った浜口梧陵の偉業"稲むらの火"を記念して行われている祭りである。

　いまも建てられつつある東日本大震災の記念碑や記念施設，さらに記念行事は将来どう取り扱われるのであろうか？　とても気になることである。美しい庭園，施設や見栄えの良い記念碑は，いまの被災者の心を慰めるものとして意義があるとは考えるが，将来の子どもや人々の命を守るためには，学校教育や社会教育で科学リテラシーの向上に，より多くの力を注ぐべきなのではないかと考えている。

謝辞

　本書執筆のための一部の調査には，平成24年〜平成27年の科学研究費補助金基盤研究（B）「東日本大震災からの復興を支援する科学コミュニケータ養成プログラムの開発と実践」（代表：谷口宏充）を使用しました。本書中で用いている詳細標高段彩図作成のための数値標高モデルは，国土交通省国土地理院より提供された「東日本大震災からの復旧・復興及び防災対策のための高精度標高データ」を使用し，段彩図の作成にはアジア航測株式会社の千葉達朗氏と田中倫久氏のご協力をいただきました。災害遺産の写真の一部は東北工業大学の田代侃名誉教授，東京大学地震研究所の市原美恵准教授からご提供を受けました。さらに宮城県内の災害遺産を調査するに際し，各地において住民の方々からはたいへん有益な情報をいただき，また各地につくられている関連記念施

設や市町村役場のみなさま方からも各種の情報や便宜をいただきました。これらに対し併せて感謝いたします。

　最後に個人的な謝辞を，同居している次男の敏明に捧げたい。寒くて暗く食料も乏しい震災時の約1か月間の生活，津波被災のハードな後片付けをやりとげ，その後，現在に至るまで，次男の車運転とサポートで被災地を調査して巡りました。その間，彼は"一般住民"としての立場から，私にとっては耳の痛いさまざまな意見を出してくれました。いまではまるで"戦友"のような気がしています。

ISBN978-4-303-73135-9

東日本大震災［災害遺産］に学ぶ

2019年3月1日　初版発行	Ⓒ H. TANIGUCHI
	D. SUGAWARA
著　者　谷口宏充・菅原大助・植木貞人	S. UEKI　2019
発行者　岡田節夫	検印省略

発行所　海文堂出版株式会社

　　　　本社　東京都文京区水道 2-5-4（〒112-0005）
　　　　　　　電話 03（3815）3291（代）　FAX 03（3815）3953
　　　　　　　http://www.kaibundo.jp/
　　　　支社　神戸市中央区元町通 3-5-10（〒650-0022）

日本書籍出版協会会員・工学書協会会員・自然科学書協会会員

PRINTED IN JAPAN　　印刷　東光整版印刷／製本　誠製本

JCOPY ＜（社）出版者著作権管理機構 委託出版物＞

本書の無断複写は著作権法上での例外を除き禁じられています。複写される場合は、そのつど事前に、（社）出版者著作権管理機構（電話 03-3513-6969、FAX 03-3513-6979、e-mail: info@jcopy.or.jp）の許諾を得てください。